Hausbau in Thailand

Heinz - Günther Sänger

Das Buch:

Hausbau in Thailand !!

Ich habe lange mit mir gehadert, bis ich mich dazu Entschlossen hatte es zu wagen.Ich baue ein Haus in Thailand. Folgen Sie mir bei dem Abenteuer ein Haus in einem Land zu bauen dessen Sprache ich nicht spreche und auch nicht verstehe. Ein Bautagebuch bei dem jeder Tag explizit festgehalten ist und mit vielen Fotos dokumentiert worden ist. Dazu viele Tipps und Anregungen für die Erstellung eines Eigenheims im "Land des Lächelns".

Der Autor:

Heinz - Günther Sänger
Leidenschaftlicher Leser
und vielseitig interessierter Autor.
Lebt mit seiner zweiten Ehefrau
in Thailand

Hausbau in Thailand

Vom Grundstückskauf bis zum Einzug ins neue Heim

von

Heinz - Günther Sänger

Für Nittaya

Impressum

1. Edition, 2024

© 2024 All rights reserved.

No. 4/2 , Moo.7

A.Mueang , Ban Khok

67000 Phetchabun

Einleitung

Ich muss verrückt sein, denn anders kann ich es mir nicht erklären, dass ich mit fast 68 Jahren noch einmal anfange zu bauen, und dass in einem Land dessen Sprache ich nicht spreche und verstehe.

Wahrscheinlich ist es durch die Liebe zu meiner zweiten Ehefrau dazu gekommen. Anderseits habe ich als ehemaliger Hausbesitzer in Deutschland keinerlei Erfahrungen als Mieter und den Einschränkungen die man als solcher unterworfen ist. Ich konnte mein ganzes Leben lang an dem Haus in dem ich geboren und groß geworden bin herumwerkeln, ohne jemanden um Erlaubnis fragen zu müssen. Außerdem fehlt mir in einer Mietwohnung das heimelige Gefühl, die Vertrautheit und die Gewissheit, dass dies mir gehört und mir niemand (außer meiner Frau) Vorschriften machen kann.

Als ich in Rente ging, hatte ich mir vorgenommen, im sonnigen Süden am Meer meinen Lebensabend zu verbringen. Durch verschiedene Faktoren bin ich dann dazu gekommen Thailand als mein Favorit auszuwählen. Nicht zuletzt weil ich nach der Trennung

von meiner ersten Ehefrau und verschiedenen Ent-
täuschungen mit potenziellen Nachfolgerinnen aus
dem deutschsprachigen Raum, gelinde gesagt die
„Schnauze" voll hatte und Deutschland verlassen
wollte. Ich lernte also meine jetzige Ehefrau durch
eine „Datingplattform" kennen und nach dem ersten
Treffen auch Lieben und so bin ich letztendlich in
Thailand gelandet. Nun wäre es ein leichtes gewesen
eine Wohnung oder ein Haus in Meeresnähe zu
mieten, aber die komplette Verwandtschaft meiner
Frau wohnt in Phetchabun oder in deren Umgebung.
Wer bereits in Thailand war oder Thailänder:innen
kennengelernt hat, weiß das diese freundlichen Menschen einen sehr festen Familienzusammenhalt
haben. Ich habe mich also breitschlagen lassen und
bin mit meiner Frau nach Phetchabun gezogen,
damit sie auch in der Nähe Ihrer Familie sein konnte.
Des Weiteren hatte es aber auch einen positiven
finanziellen Aspekt. Hier in der Provinz in Zentralthailand sind die Lebenshaltungskosten um einiges
geringer als an der Küste, wo Touristenpreise auch
von Einheimischen verlangt werden. Nach einiger
Recherche im Internet und endlosen Gesprächen mit
Expats aus allen Herren Länder, bin ich dann auch
davon überzeugt, dass ich mir ein Haus am Meer
nicht hätte leisten können. Ein Haus in der Größe von
sagen wir mal 100m² Wohnfläche und einem Grund-

stück von ca. 400m² kostet am Meer leicht 3 Millionen THB, zurzeit ca. 78.800.-€.

Ein Haus in gleicher Ausstattung und Größe in der Provinz etwa 1,1 Millionen THB = 28.800.-€.

Dazu kommen noch die allgemeinen Lebenshaltungskosten, die wie ich schon andeutete wesentlich günstiger sind. Nachfolgen ein paar Preise zum Vergleich in der Provinz und in Touristengebieten:

	Provinz	Am Meer
Friseurbesuch Herren	60.-THB	250.-THB
Nudelsuppe Street Food	30.-THB	80.- THB
Essen im Restaurant	60.-THB	120.-THB
Handwerkerstunde	100.-THB	350.-THB

So könnte ich das jetzt endlos fortführen, hier ist alles und jedes erheblich günstiger und die Lebensqualität ist ganz sicher nicht geringer dadurch. Auch in den großen Supermärkten sind die Preise der jeweiligen Region angepasst. Egal ob Makro, Lotus, Big C oder Family Markt sind in Touristengebieten auch teurer als wie bei uns in der Provinz. Kein Wunder also das hier sehr viel gebaut wird, Expats aus England, Schottland, Schweden, Frankreich den Niederlanden und Deutschland, sowie der Schweiz tummeln sich hier in der Provinz. Außerdem ist es ja auch so, dass man bei ständigen Aufenthalt die Schönheit einer

Landschaft nicht mehr wahrnimmt. Bestes Beispiel ist die Tochter eines befreundeten Ehepaars, die bereits seit 8 Jahren auf der wunderschönen Insel Koh Phangan lebt. Bei unserem letzten zusammen treffen fragte ich sie nach einem bestimmten Strandabschnitt und sie sagte mir, dass sie bestimmt seit über einem Jahr nicht mehr am Strand gewesen sei. Wenn wir ans Meer fahren wollen ist das überhaupt kein Problem und auch kein großer Kostenaufwand. Die Fahrt mit dem Nachtbus nach Bangkok kostet 360.-THB = 9,45.-€ und der Flug vom Flughafen Don Mueang nach Koh Samui ist teilweise für unter 100.-€ zu bekommen. Oder sie fahren mit dem Bus nach Pattaya, das sind noch mal 2 Stunden mehr und sie sind am Meer.

Nun will ich aber nicht vom eigentlichen Thema abschweifen, es geht um den Hausbau in Thailand. Ich werde sie mit meinem Baustellentagebuch an dem Hausbau teilnehmen lassen und werde sie über alle Kosten und Widrigkeiten (hoffentlich sind das nicht zu viele) bei diesen Hausbau informieren.
Eines noch zur Schriftgröße, nur die ersten Seiten sind in Größe 14, ab Seite 18 habe ich auf Größe 12 umgestellt. Ich wollte die ersten Seiten auch umstellen, aber damit hatte ich erhebliche Probleme und somit lasse ich es dabei.

Sinn und Zweck dieses Buches ist, Ihnen die notwendigen Informationen zukommen zu lassen, falls sie sich auch für solch ein Projekt entscheiden sollten. Vielleicht hilft es Ihnen ja, Fehler zu vermeiden und Geld einzusparen. Eines noch vorweg, wer glaubt das man mit ein paar Scheine zusätzlich, das eine oder andere Problem lösen könnte, der irrt sich. Vielleicht ist es in anderen Gegenden anders, aber hier kommen sie damit nicht weit. Einen Beamten bestechen zu wollen ist eine Straftat und kann darin enden, dass man sie des Landes verweist. Und die Bürokratie ist hier in Thailand schlimmer wie in Deutschland. Nehmen sie den offiziellen Weg so wie vorgegeben, es dauert vielleicht länger, aber es ist sicherer.

1. Grundstückskauf

Meine Frau besitzt zwar einige Grundstücke, die sie zusammen mit Ihren Kindern von ihrem verstorbenen Mann geerbt hatte, aber die befanden sich allesamt in Pichit, der Heimat des Verstorbenen. Mir hätte es dort auch gut gefallen, die Grundstücke lagen alle am Ufer des Flusses, der durch Pichit fließt, aber meine Angebetete wollte unbedingt in Phetchabun bleiben, wohl auch deswegen weil Ihr Schwager sonst in unmittelbarer Nähe gewohnt hätte. Mir wäre auch das egal gewesen, den ich hatte ihn als sehr netten und liebenswürdigen Mann kennengelernt.

Es sollte also nicht sein und wir schauten uns nun in Phetchabun und nähere Umgebung nach einem geeigneten Grundstück um. Nach einiger Zeit kam meine Frau zu mir und erzählte, dass sie beim Ein-kaufen eine Bekannte getroffen hatte, die ein Bau-grundstück zum Verkauf anbot. Sie war natürlich sofort mit der Besitzerin dorthin gefahren und hatte sich das Grundstück angeschaut. Also schwangen wir uns auf unseren Scooter und fuhren ca. 2 ½ Kilo-meter von unserem jetzigen Domizil entfernt in einen Feldweg. An der Hauptstraße hatte ich einige Häuser bemerkt und gegenüber der Einfahrt befand sich die

Grundschule der Gemeinde. Nach etwa 100 m bogen wir in einen noch kleineren Feldweg ein und dann war das besagte Grundstück das dritte auf der rechten Seite. Das Grundstück gefiel mir gut und der Abstand zur Hauptstraße war auch ausreichend. Der hintere Teil war bereits durch eine Mauer des Nachbarn abgetrennt und rechts und links befanden sich Gärten, in dem linken wuchsen etliche Pomelobäume. Ich schritt das Grundstück ab und kam auf 25 m x 16m , was also genau 400m² ergab.

Wir sagten der Verkäuferin unser Interesse zu und verabredeten uns für den nächsten Tag. Sie war pünktlich vor Ort und hatte auch die Eigentumsurkunde mitgebracht. Für mich war zunächst die eingetragene Grundstücksgröße und die Lage der

Messpunkte von größtem Interesse. Die Suche nach den Messpunkten gestaltete sich allerdings recht schwierig und auch nach längeren Suchen hatte ich nur einen einzigen gefunden.

Das nächste Problem war die angegebene Größe des Grundstücks. In der Eigentumsurkunde stand alles nur auf Thailändisch und auch meine Frau verstand nicht wirklich, was ich wollte. Auf meine Fragen hin bezüglich der Größe des Grundstücks bekam ich immer wieder die Antwort 98. Mit dieser Zahl konnte ich überhaupt nichts anfangen. Ich ging mit der Besitzerin die Grenze ab und ließ mir bestätigen, dass dies tatsächlich das Grundstück war. Ich erklärte meiner Frau, dass wir unbedingt einen zertifizierten Messtrupp brauchten um die Grenzen genau zu definieren und um dadurch späteren Ärger vorzubeugen. Mir schwirrte immer noch die Zahl 98 im Kopf herum, warum sagte sie mir, dass das Grundstück nur 98 m² groß sei, obwohl ich mit Ihr die Grenzen abgegangen war und die Schritte gezählt hatte.

Zu Hause kam mir dann die Erleuchtung und es fiel mir wie Schuppen von den Augen: Sie hatten ja ein ganz anderes Maßsystem wie wir in Europa. Die von Ihr angegebenen 98 bezogen sich nicht auf Quadratmeter, sondern auf das thailändische Maß „Tarang Wa". 1 Rai = 1.600m² = 400 Tarang Wa.

Das bedeutete für mich das 98 Tarang Wa x Faktor 4 = 392 m² waren und somit mit meiner Schrittmessung ziemlich genau übereinstimmte. Der angeforderte Messtrupp bestätigte dann das Maß und fand nach einiger Suche und zum Teil tiefen graben die Messpunkte. Mein Tag war gerettet.

Der rechtliche Aspekt beim Grundstückskauf in Thailand

Um von vornherein keine Missverständnisse aufkommen zu lassen: **Als Ausländer können sie in Thailand keinen Grund und Boden erwerben.** Jeder der Ihnen was anderes erzählt, belügt sie oder weis es nicht besser. Wenn sie so wie ich mit einer Thailänderin verheiratet sind, können sie als Miteigentümer eingetragen werden, solange der thailändische Teil mindestens 51 % erhält. Das bedeutet aber auch, wenn es hart auf hart geht, dann haben sie überhaupt kein Mitspracherecht und der thailändische Partner kann damit machen, was er will. Wenn sie also bauen wollen, dann sollten sie sich darüber klar sein, dass ihnen vielleicht das Haus gehört, aber niemals das Grundstück, auf das es steht. Sie sollten also am besten mit ihrer thailändischen Partner:in einen Pachtvertrag über 30 Jahre abschließen, mit dem Recht auf Verlängerung um weitere 30 Jahre. So sieht es das thailändische Rechtssystem vor. Die Rechtslage kann sich natürlich jederzeit ändern, aber zum Zeitpunkt der Drucklegung dieses Buches war dies geltendes Recht.

Der Kaufabschluß

Am 10.Januar 2023 war es dann soweit. Wir trafen uns beim „Department of Land" und regelten den Verkauf, die neue Besitzurkunde wurde ausgestellt und 150.000.-THB wechselten in Bar den Besitzer. Leider war genau zu diesem Zeitpunkt der Euro gegenüber dem THB in den Keller gerutscht und der Bath stark wie selten zuvor. Ich bekam für einen Euro leider nur 35.-THB. Das Grundstück kostete dadurch 4.285.-€.
Ein paar Monate später lag der Kurs bei 39.-THB und so wäre das Grundstück für 3.846.-€ zu haben gewesen. Der schlechte Kurs hatte mich also 439.-€ gekostet. Sehr ärgerlich.

2. Bauabschnitt 1

In Thailand scheint es allgemein üblich zu sein, das die Baugrundstücke mit Erde angehäuft werden. Ich dachte, dass man dies nur tut, wenn das Grundstück tiefer liegt als die Straße aber jeder versucht sein Haus so hoch als möglich zu setzen, da man nie weiß wie der nächste Monsun ausfällt und wenn man so wie wir an einen Feldweg baut, muss man davon ausgehen, dass der Bau einer neuen Straße ein Grundstück plötzlich tieferlegen lässt, als einem lieb ist.

Wir hatten also einen Fuhrunternehmer den Auftrag erteilt, unser Grundstück mit Muttererde aufzufüllen und zu planieren. Meine Frau schätzte 15 bis 20 LKW Fuhren, der Unternehmer 35 und ich im stillen mit 45 Fuhren. Wir einigten uns auf 15.000.-THB, was in Euro zu diesem Zeitpunkt 413.-€ waren.

Am 19. März 2023, einen Sonntagmorgen, war es soweit, ab morgens 7.00 Uhr rollten die LKW. Ein Mann blieb auf der Baustelle und planierte die angefahrene Erde mit einem zu einer Planierraupe umgebauten Traktor. Ich muss sagen, dass ich schwer beeindruckt von der Aktion war, denn sie fuhren die Erde in solch einer Geschwindigkeit an, dass der arme Traktorfahrer keine ruhige Minute bekam. Nachmittags gegen 15.30 Uhr war alles erledigt und ich gab dem Unternehmer das Geld in bar. Insgesamt hatten sie 52 LKW gebraucht, um das Grundstück um einen halben Meter zu erhöhen.

Die ersten LKW Fuhren sind bereits abgekippt.

Die Planierarbeiten beginnen.

Fertig

Während wir die Planierarbeiten abschließen, sind keine 200 Meter von unserem Bauplatz entfernt, andere bereits fertig. Auf den folgenden Bildern sehen sie die Baustelle eines Trinkwasserrückhaltebeckens, das nach Fertigstellung zu einem Naherholungsort für die gestressten Städter werden soll.

Hier entsteht ein riesiges Trinkwasserrückhaltebecken.

Die Tiefe des Beckens beträgt ca. 30 Meter.

3. Bauabschnitt 2

Zum zweiten Bauabschnitt gehört die Zeichnung des Architekten, und die Antragstellung bei der zuständigen Behörde. Am 08.12.2023 bekamen wir per E-Mail die Zeichnung zugeschickt, die wir ausdrucken ließen und meine Frau dann zur *Unterbezirksverwaltungsorganisationsbehörde* (die heißt wirklich so) brachte und dort zur Antragstellung abgab. Es lebe der Bürokratismus !!

Wie gesagt, es lebe die Bürokratie. Heute am 14.12.2023 kam ein junger Mitarbeiter der Behörde und erklärte, dass die umbaute Fläche 150 m² übersteigen würde. Ich hatte bei meiner Skizze darauf geachtet, dass die Fläche unter 100 m², genauer gesagt bei 96 m² lag. Bis er mir dann erklärte, dass die Dachterrasse dazu gezählt werden müsste. Ich hatte das im Vorfeld mit unserem Architekten besprochen und er hatte mir gesagt, es würde nicht dazu gerechnet. An solche Widrigkeiten muss man sich in Thailand gewöhnen, nächste Woche kann das schon wieder ganz anders sein. Also fragte ich den jungen Mann, wenn ich die Dachterrasse um die Hälfte verkleinern würde, ob es dann in Ordnung wäre. Er rief seinen Vorgesetzten an und besprach sich mit ihm. Anscheinend hatte er grünes Licht bekommen, denn er wandte sich freudestrahlend mir zu und sagte mehrmals hintereinander, Yes, ok, ok. Also verkleinerte ich die Dachterrasse von 48 m² auf 24 m² und meine Frau sprach mit dem Architekten. Ich hoffe nun, dass es genehmigt wird und wir unsere Ruhe haben.

Bis Heiligabend passierte erstmal nichts mehr. Meine Frau und ich waren am Vortag auf der Baustelle unseres guten englischen Freundes Ian gewesen. Seine Schwägerin, die für einen Baustoffhandel in Bangkok arbeitet, hatte ihm und seiner Frau die Wasserverrohrung geliefert und auch noch einen Durchlauferhitzer der deutschen Marke Stiebel Eltron mitgebracht. Da Ian sich bereits einen Durchlauferhitzer gekauft hatte, fragte er mich, ob ich daran interessiert sei. Ich sah mir das funkelnagelneue Teil an und nach der Preisvorstellung. 5.000.-THB wurden aufgerufen, neu im Handel kostet das Teil über 12.000.-THB und im Sonderangebot bei Lazada immer noch 9.950.-THB. Ich schlug sofort zu und sicherte mir den Durchlauferhitzer. Allerdings nur weil er neu und ungebraucht war und weil es eine renommierte deutsche Marke war. Als ich nach einem Garantieschein fragte, wich mir die Schwägerin von Ian mit den Worten aus, in Thailand bräuchte man sowas nicht. Wahrscheinlich war das Paket irgendwo vom LKW gefallen. Nachdem ich mir den Handel nochmals überlegt hatte, nahm ich das Teil dann doch noch. Sollte ich mal Probleme damit bekommen, könnte ich ihn mit nach Deutschland nehmen und bei Stiebel Eltron zur Reparatur abgeben. Immer noch günstiger als in bei Lazada teuer zu kaufen. Am Weihnachtsmorgen bekam meine Frau die Nachricht über LINE, das der Bauantrag genehmigt und zur Abholung bereit liegen würde. Sie fuhr dann direkt nach dem Frühstück zum Bauamt und holte die Unterlagen ab. Dann fuhr sie weiter zum Wasserwirtschaftsamt und beantragte für die Baustelle einen Wasseranschluss und die dazugehörige Wasseruhr. Als sie dann zurückkam, bin ich mit Ihr zur Elektrizitätsgesellschaft gefahren und wir haben dort einen Antrag gestellt für einen Baustromzähler.

Am Abend des gleichen Tages fuhren wir zur Baustelle und trafen uns dort mit dem Bauunternehmer. Wir haben dann mit ihm zusammen den Grundriss des Hauses ausgemessen und die Entfernung zu den Nachbargrundstücken festgelegt. Er sagte uns dann auch, was wir für den Baustellenzähler alles im Elektrohandel besorgen sollten. Dann ging es ans Bezahlen, für den Architekten gaben wir ihm 4.000.-THB. (Der Architekt ist sein Sohn). Am nächsten Tag im Elektrogeschäft stellten uns die Verkäufer alles zusammen, was wir brauchten und verlangten dafür 1.100.-THB, absolut lächerlich billig. So viel hätte in Deutschland alleine die 15 m Kabel gekostet, die neben dem Schaltkasten und den dazugehörigen „Innereien" auch mit im Preis enthalten waren. Für die Wasseruhr bezahlten wir 1.400.-THB, die aber später als Hauszähler weiter Verwendung findet. Die Gebühr auf dem Bauamt für die Genehmigung des Bauantrages schlug mit 80.-THB zu Buche. Das muss man sich mal auf der Zunge zergehen lassen, umgerechnet 2,11 € für einen Bauantrag zu bezahlen, das macht einen richtig glücklich.

03. Januar 2024

Bereits um 06.30 Uhr klingelt heute Morgen der Wecker. Die erste Zeremonie für unseren Hausbau ist für 07.30 Uhr angesetzt, warum das so früh sein muss, weiß ich nicht und habe diesbezüglich auch keine Antwort erhalten. Wir packten also einige Dinge auf unseren Scooter und fuhren die ca. 2,5 km

zur Baustelle. Der „Arzt", ich würde ihn als Schamanen bezeichnen wartete bereits auf uns.

Er nahm sein Equipment und ging etwa zur Mitte der Baustelle. Dort wurde eine Schilfmatte ausgebreitet und die Utensilien darauf ausgebreitet. Er zog seine Flip-Flops aus und setzte sich im Schneidersitz auf die Matte. Dann wurden die einzelnen Komponenten mit einen Baumwollfaden miteinander verbunden und in eine verzierte Aluminiumschale wurde mitgebrachtes Wasser gegossen. Dabei begann er beschwörende Worte zu murmeln, die alsbald in einen mantraähnlichen Gesang übergingen. Dabei hatte er eine Kerze angezündet und tropfte den heißen Kerzenwachs in das mit Wasser gefüllte Aluminiumgefäß. Im Anschluss mussten meine Frau und ich 9 Steine vom Grundstück aufsammeln und zu ihm bringen. Dann bat er mich an allen vier Ecken des Grundstückes, sowie jeweils mittig dazwischen und in der Mitte des Grundstückes kleine Löcher zu graben, in dem er die 9 gesammelten Steine unter weiteren Gebeten versenkte und mit dem Erdaushub bedeckte. Danach war die Zeremonie beendet.

04. Januar 2024

Um einen Baustellenzähler von den örtlichen Elektrizitäts-
werken zu erhalten, musste zunächst ein Ortstermin verein-
bart werden, der am heutigen Tage stattfinden sollte. Wir
trafen uns mit den beiden Mitarbeitern am frühen Morgen an
der Baustelle und harrten der Dinge, die da kommen sollten.
Wie ich schon befürchtet hatte, verwarfen sie das zweipolige
Anschlusskabel als nicht sicherheitskonform und wiesen uns
darauf hin, das die neusten sicherheitsrelevanten Vorschriften
unbedingt eingehalten werden müssten. Mir persönlich war
das mehr als Recht, auch wenn es mich nun noch etwas
zusätzliches Geld kosten sollte, aber meine Frau und der Bauunternehmer machten lange Gesichter. Ich erklärte Ihnen wie
streng in Deutschland und auch im gesamten europäischen
Raum die Sicherheitsvorschriften, gerade in Bezug auf die
Elektroinstallationen sind, und bemängelte das fehlende
Sicherheitsdenken der Thailänder im Allgemeinen. Auf jeden
Fall schrieben sie uns die Bezeichnung des gewünschten
Kabels auf und der Bauunternehmer besorgte dies noch am
gleichen Tag. Zusätzliche Kosten waren in diesem Fall 1.115
THB, das war mir ein ruhiges Gewissen aber auch wert.

05. Januar 2024

Der Bauunternehmer hatte sehr früh bereits das Kabel ausgetauscht und rief bei meiner Frau an, um Bescheid zu sagen. Sie hatte mit den Mitarbeitern der Elektrizitätsgesellschaft ausgemacht, dass wir ein Foto machen sollten, von dem ausgetauschten Kabel und wir dann anschließend den Stromzähler bekommen würden. Wir machten also das Foto und fuhren zur Elektrizitätsgesellschaft. Dort war man nun zufrieden und wir durften 6.000.-THB für den Zähler bezahlen. Wir hatten mit dem Bauunternehmer abgesprochen, dass er die notwendigen Stähle für die erste Bauphase besorgen sollte und mit der Rechnung zu uns kommen sollte, zwecks Bezahlung.

06. Januar 2024

Am nächsten Morgen, wir saßen noch beim Frühstück in unserem Garten, kam er auch und wir erledigten das Finanzielle. Da ich mein Geld in Belgien bei „Wise", bereits zu einem günstigen Kurs in Thailändische Baht umgetauscht hatte, wollte ich das Geld von dort direkt auf sein Konto überweisen. Solche Dinge können sich in Thailand manchmal recht schwierig gestalten. Er besaß zwar ein Bankkonto, aber als ich fragte, auf welchen Namen das Konto lief und welche Adresse ich eintragen sollte, wusste er mir keine Antwort darauf zu geben. Ich sagte zu ihm, dass seine Firma doch einen Namen hätte, und er nannte ihn natürlich auf Thai. Leider konnte ich aber keine thailändischen Zeichen einfügen und wir versuchten dann den Namen mit Hilfe von Google zu übersetzten. Nach mehreren Versuchen gab ich auf und überwies das Geld auf das Konto meiner Frau, schnappte mir die Bankkarte und fuhr zum nächsten ATM. So bekam er sein Geld halt in Bar. Die Rechnung für den Stahl belief sich übrigens auf 38.183.-THB.

Am Ende des Buches werde ich eine Exeltabelle einfügen, darauf sehen sie die Einzelkosten und auch die Gesamtkosten aufgeführt.

08. Januar 2024

Es ist kurz nach halb zehn, wir haben das Frühstück gerade beendet, da klingelt das Telefon meiner Frau. Die Elektrizitätsgesellschaft ist dran und teilt uns mit, dass ein Installationstrupp zu unserer Baustelle unterwegs ist, um den Zähler für unseren Baustellenanschluss zu installieren. Also schwingen wir uns auf unseren Scooter und düsen zur Baustelle. Als wir dort ankommen, sind die beiden Jungs schon bei der Arbeit. Wir sind glücklich, jetzt haben wir einen eigenen Anschluss, der registriert ist und den wir auch so behalten werden, wenn der Bau abgeschlossen ist.

Der Installationstrupp der PEA.

Unser Zähler

Gegen 15.00 Uhr der nächste Anruf. Diesmal ist es unser Bauunternehmer, der uns Bescheid geben wollte, dass er mit seiner Truppe zur Baustelle fährt und die Ecken absteckt, sowie die relevanten Fundamentpunkte. Das wollten wir uns natürlich ansehen und sind gleich hingefahren. Als wir die Baustelle erreichen, kommt uns gerade ein Kuhhirte mit einigen Jungbullen entgegen und wir müssen kurz warten, bis wir zur Baustelle weiterfahren können. Und ich muss sagen, sehr professionell und sehr genau in der Ausführung. Mein Vater war selbst Polier bei einer Baufirma und ich war bereits als Kind dabei, wenn er eine Baustelle eingerichtet hat, und habe mir dann als Handlanger das eigene Taschengeld verdient. Es geht also Schritt für Schritt vorwärts, und morgen kommt bereits der Bagger und hebt das Fundament aus.

09. Januar 2024

Heute wird das Fundament ausgebaggert. Wir fahren nach dem Frühstück mit unserem Scooter zur Baustelle und die Jungs sind bereits am Arbeiten und waren auch schon sehr fleißig. Der Baggerfahrer hat bereits fünf Fundamentlöcher für die Piller ausgehoben und fängt gerade am sechsten an, zwei Mann biegen die langen Baustahlstäbe in die gewünschte Form, einer schneidet von den Stäben gleichlange Abschnitte ab mit einer Kappsäge und zwei Mann flechten diese zu Armierungskörbe für die Pfosten die in die Fundamente eingegossen werden sollen. Meine Frau spricht eine der Personen an und es stellt sich anhand der Stimme heraus, dass es die Frau des Bauunternehmers ist, die hier Hand mit anlegt, um die viele Arbeit zu bewältigen. Alle Mitarbeiter bis auf den Baggerfahrer sind vermummt, sie schützen sich so vor der extremen Sonneneinstrahlung und trotz der Hitze ist das die beste Möglichkeit, den gefährlichen UV-Strahlen zu entkommen.

Der Baggerfahrer bei der Arbeit

Die Frau des Bauunternehmers bei der Arbeit

Unser guter englischer Freund Ian kam mit seiner bezaubern-
den Lebensgefährtin Pang gegen 11.00 Uhr, um zu sehen wie
weit die Arbeiten gediehen waren. Er ist bereits viel weiter mit
seinem Hausbau, hatte natürlich bereits Anfang letzten Jahres
damit begonnen, und ist zurzeit an dem Außenanstrich.

Gut drauf !!

Als wir zur Mittagspause nach Hause fahren wollten, trafen wir
zufällig einen Montagetrupp der Wasserwerke unterwegs.
Prompt sprach meine Frau die Bautruppleiterin an und verwies
auf unseren Antrag wegen dem Wasseranschluss für unser
Haus. Nach einigen hin-und her brachte meine Frau die Mannschaft dazu, uns zur Baustelle zu folgen. Hier wurde dann
festgestellt, dass es von dem möglichen Anschluss an der
Hauptstraße bis zu unserer Baustelle ca. 60 Meter waren und
das man dafür einen Graben ziehen müsste. Wir zeigten auf

dem Minibagger, der noch am Ausheben der Fundamente war, und sagten der Bautruppleiterin, das wir den Baggerfahrer fragen würden, ob er bereit wäre, diesen Graben zu ziehen. Gesagt getan, er war bereit und nach Abschluss der Fundamentarbeiten, war das eine Sache von 1 Stunde und der Graben war existent. Die Montagetruppe begann auch sofort mit dem Anschluss und anschließend schippte der Baggerfahrer den Graben wieder zu und verdichtete ihn, indem er ein paarmal darüber fuhr. Wir sind jetzt wirklich happy, wir haben Strom und Wasser, das Tagesziel wurde erreicht und die Mannschaft machte gegen 16.00 Uhr Ihren wohlverdienten Feierabend.

Unser Wasseranschluss

Der vorbereitete Bauplatz

11. Januar 2024

Der große Tag ist gekommen, nach einem schnellen Früh-stück packen wir die vorgekochten Leckereien in den Koffer-raum des Wagens von meinem Stiefsohn und meine Frau, Ihr Sohn und Ihre Schwester machen sich schon mal auf den Weg zur Baustelle. Ich räume noch in Ruhe den Frühstücks-tisch ab und fahre dann, bewaffnet mit Filmkamera und Foto-apparat ebenfalls zur Baustelle. Wie ich es mir schon dachte, ist der Schamane noch nicht vor Ort. Die Bauarbeiter treffen noch letzte Vorbereitungen und meine Frau, die vor Nervosität nur so sprüht, sitzt mit den Gästen der Zeremonie auf einer ausgebreiteten Decke und alle „schnattern" ganz aufgeregt durcheinander. Mir ist es sowieso ein Rätsel, wie man sich so Unterhalten kann, alle, wirklich alle reden durcheinander und schon nach kurzer Zeit setzte ich mich abseits ins Gras, weil mir der Kopf dröhnt. Dann erschien endlich der „Schamane", er hatte diesmal seine Frau mitgebracht und nachdem er die Begrüßung hinter sich hatte, entlud er seinen Mopedbeiwagen. Er hatte allerlei „Handwerkszeug" mitgebracht und alles sah sehr feierlich aus. Ein Gesteck aus Blumen und Blätter wurde an einen der zentralen Armierungskörbe angebracht. Alle standen mehr oder weniger um diesen Platz herum und mein Stiefsohn hat dann nach vorheriger Absprache mit dem Schamanen, der einen bestimmten Zeitpunkt errechnet hatte den Countdown durchgeführt. Auf die Sekunde genau wurde der Korb von mehreren Männern und meiner Frau, angehoben und in das Fundamentloch eingesetzt. Hier wartete schon ein Mitarbeiter, der den Korb mit dem Armierungseisen, die flach auf dem Boden des Loches lagen, mit Hilfe einer Beißzange und Bindedraht verband.

Kurz bevor die Zeremonie begann.

Nachdem der erste Korb stand und befestigt war, ging der Schamane von Fundamentloch zu Fundamentloch und segnete es mit Sprüchen und besprenkeln mit geweihtem Wasser jedes einzelne der 15 Fundamente. Dann war das „Buffet" eröffnet und die Gäste saßen zusammen und aßen und tranken und, ja richtig, sie „schnatterten" wie die Gänse.

Die Gäste sitzen im Schatten

Mich wunderte, dass die Arbeiter zunächst nicht mitaßen, obwohl sie auch dazu eingeladen waren. Sofort nach der Zeremonie begannen sie wieder mit der Arbeit. Und nachdem die Gäste ihren Hunger gestillt hatten und sich nach und nach verabschiedeten, kam bereits der Betonmischer angefahren und die ersten Löcher wurden betoniert.

Das erste Fundamentloch wird betoniert

12. Januar 2024

Der Bauunternehmer hatte einige Zementfaserrohre anliefern lassen, die seine Leute auf Länge absägten und über den Korb stülpten. Dann wurde das Rohr mit dem Korb mit Beton ausgegossen, den mischten sie diesmal mit der Hand an. Es lag ein Haufen Sand und Split an der Baustelle und eine Palette mit Zement.

Bereits gefülltes Rohr

13. Januar 2024

Die Fundamentkörbe sind alle bis auf das richtige Niveau mit den Rohren und dem Beton aufgefüllt worden. Heute schippen sie die Löcher mit dem Erdaushub wieder zu, eine Knochenarbeit bei über 30 Grad im Schatten.

Auffüllen der Fundamentlöcher

18. Januar 2024

Mittlerweile sind einige Tage vergangen und es wurde wieder recht viel gearbeitet. Zwischen den eingegossenen Zementfaserrohren haben die Arbeiter schmale Hohlblockziegel zweireihig aufeinander gemauert und dann darauf eine Schalung angebracht. Morgen soll die Schalung ausgegossen werden und dies ergibt dann das Streifenfundament für die Außenmauerung.

Die Schalung steht

21. Januar 2024

Am 19. Januar wurde die Schalung ausgegossen und heute wieder entfernt. Jetzt macht man sich daran alles dafür vorzubereiten, das die LKWs kommen können, um den Innenraum mit Erde aufzufüllen. Da die Arbeiter auch hin und wieder mal eine Notdurft erledigen müssen und weit und breit keine Toilette zur Verfügung steht, haben sie zur Selbsthilfe gegriffen und aus zwei Betonringen und einem Loch von etwa 150 cm tiefe eine Toilette gebaut.

Eine Stehtoilette und rundherum mit etwas Beton vergossen, dann noch ein Holzgestell und mit Wellblech verkleidet, eine Türe aus Wellblech und fertig ist die provisorische Toilette. Durchaus ausreichend für die Zeit des Bauens, wenn man nicht so verwöhnt ist.

So sieht die Außenform des Hauses ohne Verschalung aus.

Vorne wurde extra offengelassen, um den LKWs zu ermög-
lichen, bis nach hinten zu fahren, um die Erde abzukippen.
Kaum sind die Jungs fertig mit dem Ausschalen, kommt auch
schon der erste LKW mit Erde.

Nach 14 LKWs voll Erde ist der Zwischenbereich so weit aufgefüllt, dass er planiert und verdichtet werden kann. Dann
werden die Zwischenwände ausgemessen und ausgeschach-
tet. Auch hier werden Moniereisen zu Körben geflochten und
ausgerichtet. Das nimmt einige Tage in Anspruch und der
Termin für das Betonieren der Zwischenwandfundamente ist
auf den 24. Januar festgelegt worden.

24. Januar 2024

Am Vormittag hat die Mannschaft noch damit zu tun die notwendigen Vorbereitungen für das Betonieren der Zwischenwandfundamente abzuschließen. Gegen Mittag ist die Truppe
fertig damit und der Bauleiter gibt dem Lieferanten des Betons
telefonisch die Anweisung zu kommen. Es dauert aber noch
eine gute Stunde, bis der Betonmischer von der Hauptstraße
zu uns einbiegt und nach Anweisung des Bauleiters sich
positioniert. Begonnen wird natürlich mit dem Fundament, was
am weitesten vom Betonmischer entfernt ist. Dazu verlängert
man den Ausgusstrichter mit halbierten Kunststoffrohren, dann
stellt man ein großes Speisfass unter das Ende des halbierten
Rohres und schöpft mit Eimer den einfließenden Beton aus
dem Fass. Da man eine Kette gebildet hat, geht die Verfüllung
des Fundamentes sehr schnell und schon kommt das nächste
Fundament dran.

Verfüllen der Zwischenwandfundamente.

Von Sicherheitsschuhen haben die beiden auch noch nichts gehört.

Da man sich anscheinend bei der Menge des für die Auffül-
lung notwendigen Betons verrechnet hatte, wurde der Rest
kurzerhand als Basis der Bodenplatte verwendet.

Das war allerdings nur deswegen möglich, weil der Beton bei
den beiden Ersten betonierten Fundamenten schon abgebunden hatte und man diese ausschalen konnte.

25. Januar 2024

Heute konnte man bereits die Fundamente, die man gestern betoniert hatte, wieder ausschalen und die verbleibende Erde anhäufen. Gleichzeitig wurden die Verläufe der Abwasserleitungen und des Frischwassers freigelegt und installiert.

Verlegung des Abwasserrohrs in unserem Badezimmer.

26. Januar 2024

Heute wird vormittags eingeschalt und für den Nachmittag ist das Gießen der Bodenplatte geplant. Pünktlich ist der erste Betonmischer vor Ort und man beginnt mit dem Vergießen der Bodenplatte.

Die Jungs sind wirklich sehr fleißig.

Es war ein harter Tag und nun ist jeder froh, dass es geschafft ist. Wir haben 9 m³ Beton verarbeitet und jetzt sehe ich zum ersten Mal, das die Jungs sich zum Feierabend ein Bier gönnen. Dann geht es nach Hause, eine Kleinigkeit Essen und nach dem Duschen direkt ins Bett. Am nächsten Tag geht es schon wieder sehr früh los.

Es ist schon fast Abend, als der Rest der Bodenplatte abgezogen wird.

27. Januar 2024

Heute Morgen geht es schon früh wieder los, es ist geplant auszuschalen und den Grundriss der Mauern auszumessen und mit der Schlagschnur aufzuzeichnen. Dann werden die Drahtkörbe auf das Längenmaß gebracht und verschalt. Das nimmt einige Zeit in Anspruch. Zwischenzeitlich wird der Zement, der Split und der Sand zum Mischen des Betons angefahren. Diesmal müssen sie mit der Hand mischen, da die Mengen, die gebraucht werden relativ gering sind.

Die Drahtkörbe werden auf Maß verlängert.

Da meine Frau bedenken hat, das etwas gestohlen werden könnte, hat sie den jüngsten Sohn des Bauunternehmers gebeten Nachtwache zu halten. Für 200 THB war er dazu bereit. Am Abend kam er dann mit seinem älteren Bruder, der zugleich unser Architekt ist, zur Baustelle gefahren und hatte seine Utensilien für die Nachtwache mitgebracht. Ein kleines Zelt, ein paar Decken und ein Kopfkissen, sowie eine helle Baustellenlampe, die an unser Stromnetz angeschlossen wurde. Als Verpflegung hatte er sich „Ganscha", Marihuana mitgebracht. Seit es in Thailand legalisiert wurde, gibt es sehr viele, die es auch nutzen, für medizinische Zwecke ist es auch durchaus empfehlenswert. Ich hatte bei Alibaba eine Wildtier-kamera gekauft, die ich zur Baustellenüberwachung einsetz-ten, wollte. Die Einrichtung der Kamera hat mich an den Rand der Verzweiflung gebracht. Bilder und Videos machte sie am Anfang durchaus ohne Probleme, aber den Versand über die SIM-Karte stockte immer wieder. Dann plötzlich sendete sie einige Bilder hintereinander an meine E-Mail Adresse und ich war wirklich sehr glücklich darüber. Also brachte ich die Kamera an diesem Abend an einem Baum an, so das die hälfte der Baustelle überwacht werden konnte. Wir fuhren nach Hause und ich wollte mir die ersten gesendeten Bilder anschauen, NICHTS, gar NICHTS hatte die Kamera gesendet. Am nächsten Tag holte ich sie mir wieder zurück und schaute auf der Speicherkarte nach, auch wieder nichts. Ich habe jetzt eine neue Speicherkarte formatiert und die notwendigen Dateien aufgespielt und werde sie heute Abend wieder ein-setzten, mal sehen, ob es dann klappt. Auf jeden Fall ist das ein chinesischer Sch..., und diese Kamera wird zum Teil in Europa für fast 250.-€ verkauft. Gott sei Dank habe ich bei Ali-baba nur 42.-€ dafür bezahlt. Sie wird unter verschiedenen Namen verkauft, aber wenn man die Kamera einrichtet, erscheint der Firmenname **Suntek HC-300M. Finger davon lassen !!! Bild der Kamera unten.**

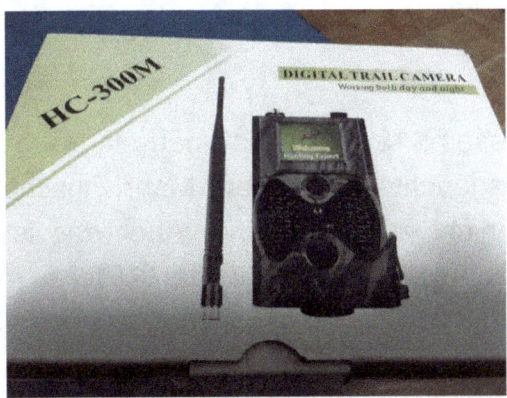

Von dieser Kamera kann ich nur abraten.

Unser Baustellenhund, er kommt jeden Tag und bleibt bis zum Abend auf der Baustelle. Da meine Frau ihn füttert, verlangt sie von ihm das er die Baustelle „bewacht". Ob er das verstanden hat, bezweifele ich doch sehr.

28. Januar 2024

9 der insgesamt 15 Pfeiler hat man eingeschalt und nach der Waage ausgerichtet und fixiert. Mehr Einschalmaterial haben sie leider nicht zur Verfügung. Aber das ist auch nicht so schlimm, denn den Beton für die 9 Pfeiler mit der Hand zu mischen und per Eimer nach oben zu befördern und einzufüllen ist eine Knochenarbeit und dauert bis zum Abend.

Noch sind die Männer beim Einschalen.

29. Januar 2024

Heute Morgen ganz früh begannen die Männer mit dem Ausschalen der Pfosten, die sie gestern gegossen hatten. Während die einen noch mit dem Ausschalen beschäftigt waren, waren die anderen bereits dabei die noch nicht gegossenen Pfeiler einzuschalen. Anschließend wurden dann diese mit Beton ausgegossen.

Die restlichen 6 Pfeiler werden eingeschalt.

Am Nachmittag war man dann so weit, dass für unseren Dachfreisitz die Schalung begonnen werden konnte. Sehr abenteuerlich und in Europa, ganz besonders in Deutschland, absolut undenkbar.

Nur mit Holzstangen und Latten wird eine Konstruktion gebaut, die den Beton tragen soll.

Die Bauaufsicht aus Deutschland hätte ihre wahre Freude an den baulichen Gepflogenheiten hier in Thailand. Aber trotz allem bin ich immer wieder begeistert, was die Thailänder mit einfachsten Hilfsmitteln auf die Beine stellen. Nur mit einem Schnurgerüst und einer Schlauchwaage stehen die Pfosten perfekt im Maß und halten jeder Kontrolle durch einen Laser oder noch genauer durch einen Theodoliten stand.

30. Januar 2024

Die Schalkonstruktion für unseren Dachfreisitz geht weiter. Während die einen die Armierungskörbe flechten, bauen die anderen an der Schalung.

Die Armierungskörbe werden geflochten.

Ich habe den Leuten eine Zeitlang dabei zugesehen und muss sagen, dass es eine echte Sisyphusarbeit ist. Diese Arbeit wird in Thailand auch oft von Frauen ausgeführt. Die Person in der Mitte mit dem roten Pullover ist übrigens eine Frau. Ganz links der Mann ist der Bauleiter und unser Architekt. Im Vordergrund sieht man einen fertig geflochtenen Armierungskorb.

Die Arbeiter haben die Baustelle verlassen und sind in ihren wohlverdienten Feierabend gegangen. Alles ist fertig vorbereitet für das morgige Betonieren der Unterzüge. Meine Frau und ich wässern jeden Morgen und jeden Abend die fertigen Betonteile, also Bodenplatte und Pfeiler und sobald ausgeschalt dann auch die Unterzüge.

31. Januar 2024

Heute ist es so weit, die eingeschalten Unterzüge werden betoniert.

Der Beton wird in zwei verschiedenen Speiswannen mit der Hand gemischt, immer abwechselnd, damit es keine Zeitver-zögerung gibt, dann in Eimer gefüllt und in einer Kette nach oben gereicht und in die Schalung eingegossen. So wird eine kontinuierliche Füllung der Schalung gewährleistet. In dieser Zeit kann keine Pause gemacht werden, denn der Beton

bindet sehr schnell ab und man würde bei einer Zeitverzöge-
rung riskieren, dass der Beton sich nicht homogen verbindet.

Endlich ist es geschafft, die Sonne geht schon unter und die
Mannschaft hat wirklich alles gegeben. Jetzt ist Relaxen
angesagt und man lässt sich ein „Feierabend-Bier" schme-
cken. Außerdem ist
heute Zahltag, die Leute
bekommen alle 2
Wochen Ihren Lohn in
bar ausgezahlt. Im
nächsten Bild sehen wir
unseren Architekten bei
der „Lohnabrechnung".

02. Februar 2024

Gestern wurde nicht gearbeitet, der Beton brauchte die Zeit zum Abbinden, ob die Mannschaft auf einer anderen Baustelle war weiß ich nicht genau. Auf jeden Fall hat die Firma gutzutun, kein Wunder bei der Qualität der Arbeit und des Preises. Sie haben wohl nach Auskunft des Bauunternehmers noch zwei andere Baustellen am Laufen. Aber heute sind sie wieder da und beginnen schon sehr früh damit die Verschalung der Unterzüge zu demontieren.

Ein Knochenjob bei der Hitze

Danach erfolgt das obligatorische Wässern des Betons.

„Schwindelfrei"

„Abends wird auch nochmal gewässert, zweimal am Tag, eine Woche lang"

04. Februar 2024

An diesem Tag ist es so weit und die Betonplatten für unseren Freisitz werden angeliefert. Diese werden auf die Unterzüge aufgelegt und mit Mörtel vermauert, dass alles geschieht mit Hilfe des Krans, der auf dem LKW angebracht ist. Die Männer oben auf dem Freisitz rücken die schweren Betonplatten auf die richtige Position. Die Kosten für dies Platten, der Anfahrt und die Manpower für zwei Mitarbeiter der Herstellerfirma halten sich auch in Grenzen. 6.270 THB, sind nach dem heutigen Stand gerade mal 163,80 €. Ich denke, dass das in Deutschland alleine die Anlieferung gekostet hätte.

„Auflegen der Betonplatten"

05. Februar 2024

Für den heutigen Tag ist der Besuch und die Bestellung der Steine und des Stahls im Baumarkt geplant. Der Bauleiter hat uns eine „Einkaufsliste" mitgegeben und wir werden die Artikel beim Baumarkt bestellen. Da man uns dort noch nicht kennt, wir haben die ersten Sachen bei einem hiesigen Baumarkt in Ban Khok bestellt, müssen wir vor Auslieferung die Ware bezahlen. Normalerweise ist das kein Problem mit meiner Bank „WISE" mit Sitz in Belgien. Dort transferiere ich von meinem deutschen Konto meine Rente hin und tausche, das was ich in Thailand brauche auch direkt in thailändische Bath um, und das immer zum besten jeweiligen Kurs. Um nun Geld von dort auf ein thailändisches Konto zu überweisen, benötigt die Bank einige Auskünfte. Die von einem Unternehmen hier in Thailand zu bekommen ist nicht so einfach. Meistens wissen die Angestellten nicht einmal, wie Ihr Unternehmen banktechnisch korrekt heißt. Dementsprechen gibt es immer wieder erhebliche Probleme, so auch diesmal. Man hatte mir nach mehrmaligen Nachfragen den Namen der Firma als „Limpanya" genannt. Mir erschien es etwas seltsam für eine Firma, das weder davor, noch dahinter eine zusätzliche Bezeichnung war, wie zb. ltd. Ich versuchte nun mein Glück und wurde anschließend von meiner Bank darüber informiert, das der Geldbetrag nicht zugestellt werden konnte, da man den Namen des Empfängers nicht dem angegebenen Konto zuweisen konnte. Also überwies ich das Geld auf unser Konto und ging zum ATM, um es in bar abzuheben. Mit solchen Widrigkeiten muss man in Thailand immer rechnen.

Als wir abends zur Baustelle fuhren, war der Stahl für die Dachkonstruktion und 1750 Ytongsteine, so wie der dazugehörige Kleber bereits angeliefert worden. Aber vorher waren wir trotz der Hitze noch zu einer Schreinerei gefahren und haben uns die Türen für unser Haus heraus gesucht.

Mittlerweile funktioniert auch unsere Kamera ganz gut, obwohl ich keine Einstellunsveränderungen mehr vorgenommen habe sendet sie jetzt hin und wieder Bilder. Mal geht es und dann wieder nicht, ich habe keine Ahnung, woran das liegt. Die eine Nacht sendet sie mehr oder weniger ununterbrochen und dann die nächste Nacht nur zwei oder drei Bilder, obwohl man auf der Karte sieht, dass auch zu anderen Zeiten Bilder aufgenommen wurden. Dann kommen Nächte, an den sie scheinbar gar keine Lust verspürt mir Bilder zu senden, es ist und bleibt chinesischer Schrott.

Abendlicher Besucher

Tierischer Besucher

06. Februar 2024

Heute Morgen beginnen die Vorbereitungsarbeiten für die Dachkonstruktion. Aus den Pfeilern ragen noch die Reste der Armierungskörbe, und die werden auf Maß gekürzt. Darauf wird, eine Platte geschweißt. Mit den Vorbereitungen sind zwei Mann am heutigen Vormittag beschäftigt. Der Rest der Truppe ist auf einer anderen Baustelle beschäftigt.

„Beim Schweißen"

07. Februar 2024

Heute sind 8 Personen auf der Baustelle, 6 Männer und 2 Frauen, wobei eine der beiden auch Maurerarbeiten verrichtet. Die Hälfte des Personals ist mit der Dachkonstruktion beschäftigt, was auch sehr gut vorangeht.

Die Außenwände werden hochgezogen, im Vordergrund sieht man die frisch betonierten Fensterstürze, die werden schon morgen eingebaut.

08. Februar 2024

Die Dachkonstruktion wurde heute so weit fortgeführt, dass morgen bereits die Querträger, vom First zur Außenseite gelegt werden können. Auch die Maurerarbeiten gehen gut voran, die gestern gegossenen Betonstürze wurden bereits verarbeitet und das kleine Fenster was meiner Frau nicht gefiel in „Lauras Zimmer" (Gästezimmer) wurde zugemauert.

„Lauras Zimmer"

Die ersten Zwischenwände wurden hochgezogen, (rechts) im Hintergrund das Badezimmer für den Eigner.

Außenwände im Wohnzimmer.

09. Februar 2024

Zu „Lauras" Zimmer möchte ich Folgendes erklären: Meine jüngste Tochter Laura ist der erklärte, absolute Liebling meiner thailändischen Frau Nittaya. Die beiden haben sich auf Anhieb gut verstanden und ich denke, dass ich sagen kann, dass die beiden richtig gute Freundinnen sind. Darüber bin ich wirklich sehr froh und glücklich, auch mit meiner ältesten Tochter Britta versteht sich meine Frau sehr gut, aber Laura ist ihr Liebling. Deswegen, wenn wir von unserem Gästezimmer reden, sagt meine Frau immer, das ist das Zimmer von Laura. So nun ist das auch geklärt und weiter geht es mit dem bauen unseres Traumhauses.

Die Dachkonstruktion wird montiert.

Es nimmt Form und Gestalt an.

10. Februar 2024

Heute waren wir mit unserem Bauunternehmer etwas außerhalb der Stadt im Industriegebiet. Es ging um die Bestellung
unseres Daches. Nach reifer Überlegung haben wir uns für ein
Dach aus Aluminium entschieden. Und zwar hergestellt nach
dem Prinzip von den „Kalzip-Dächern". Also Aluminium-
bahnen, die durch einen Rollformer laufen und ein stabiles
Profil erhalten. Anschließend werden sie mit PU-Schaum
beaufschlagt, der eine hervorragende Wärme und Kälteisolie-
rung garantiert und auf die Rückseite kommt noch eine Alumi-

niumkaschierung. Meines Wissens nach, wurde das Verfahren in Koblenz bei der Firma „Corus" weiterentwickelt und jetzt unter anderem unter Lizenz in Thailand hergestellt.

1. Kalzip auf Stahltrapezprofilen

1.1 Binderdach mit Dachüberstand einschalig

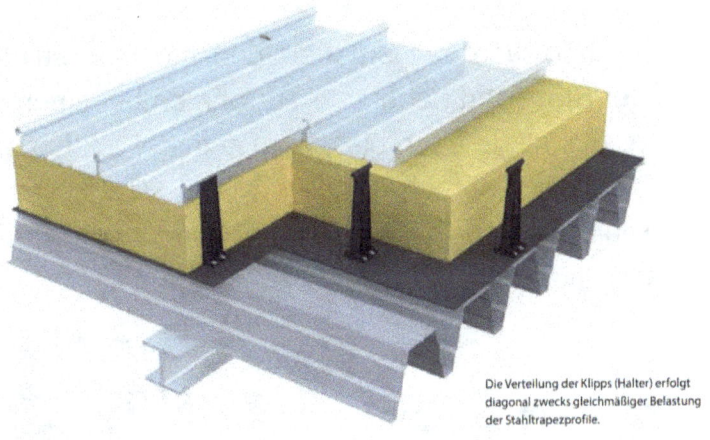

Die Verteilung der Klipps (Halter) erfolgt diagonal zwecks gleichmäßiger Belastung der Stahltrapezprofile.

Bei Interesse an mehr Informationen gehen sie auf eine Suchmaschine und geben einfach „Kalzip-Dächer" ein. Dies war für uns in mehrfacher Hinsicht das optimale Dach. Wie bereits erwähnt, die Vorteile bei der Isolation, dann die schnelle und einfache Verarbeitung und auch der Preis. Für die gesamte Dachfläche habe ich noch keine 1.500.-€ bezahlt.

Ein paar kleine Differenzen gab es mit meinem Bauunternehmer in Bezug auf die Rostschutzmaßnahmen der Schweißnähte. Er hatte einfachen Acryllack besorgt und meinte, das würde durchaus als Rostschutz ausreichen. Ich war da anderer Meinung und habe die Dosen umgetauscht. Jetzt habe ich zwar auch einen Acryllack, aber mit einem integrierten Rostprimer. Zinksprays habe ich leider nicht gefunden.

11. Februar 2024

Die Innenwände werden gemauert und meine Frau und ich waren in der Stadt und haben die Türrahmen bei einem Händler gekauft. Er hat sie auch gleich auf seinen Pick-Up gepackt und zur Baustelle gebracht. Anders wie in Deutschland, wird hier in Thailand der Türrahmen mit eingemauert. Andere Länder, andere Sitten.

Der Türrahmen wird mit eingemauert.

12. Februar 2024

Die restlichen Arbeiten am Dach werden vorgenommen und die Zwischenwände werden gemauert.

13. Februar 2024

Heute Nachmittag soll unser Dach angeliefert werden. Es sind Bahnen von ca. 6 m länge und 0,75 m breite. Ich hatte mir vorgestellt, dass sie mit einem LKW mit aufgesetzten Palfinger-Kran kommen würden, weit gefehlt !!

In Thailand tut es auch ein einfacher Pick-Up mit Dachverlängerung.

Ich bin mir nicht sicher, ob eine solche Konstruktion in Deutschland eine Strassenzulassung bekommen würde.
Am nächsten Morgen soll mit der Montage der Dachpaneelen begonnen werden.

14. Februar 2024

Die Überwachungskamera zeigt 07.55 Uhr an, als die Arbeiten beginnen. Zunächst wird die Dachseite beim Freisitz gedeckt, dann geht man zu der anderen, größeren Dachseite über.

Die kürzere und flachere Dachseite beim Freisitz ist fertig gedeckt.

Jetzt beginnt man auf der anderen, steileren Seite zu decken.

15. Februar 2024

Gestern Abend wurde es sehr spät und die Männer waren müde. Heute ist dafür früher Feierabend und Zahltag. Morgen wird nicht gearbeitet, in ganz Thailand ist der Erste und der 16. Tag des Monats dem Glücksspiel gewidmet. Was man hier in Thailand in manche, ganz profane Dinge hinein interpretiert, um dann angeblich die richtigen Glückszahlen für die bevorstehende Ziehung der Gewinnzahlen zu besitzen, ist unglaublich. Man kann diese Kuriositäten im Fernsehen verfolgen und mich persönlich erheitert es jedes Mal aufs Neue, wenn ich sehe mit welcher Ernsthaftigkeit die Menschen sich wegen eines möglichen Geldgewinns zum Affen machen. Da wird hin und her gerechnet und man sieht in irgendwelchen Dingen, die einen sonst nicht auffallen die Zahlen für die Lotterie. Dann knien die Thais davor und haben Räucherstäbchen angezündet und beten darum die richtigen Zahlen in dem Objekt zu sehen. Das kann wirklich überall sein, in abgenagten Kotelettknochen, genauso wie in Verwachsungen bei Obst oder Gemüse, als auch im Nummernschild des eigenen Motorrollers. Am nächsten Tag tritt dann die Ernüchterung ein und man sucht nach Argumenten, warum es diesmal wieder nicht geklappt hat. So vergeht Monat um Monat und Jahr um Jahr, aber der Thailänder:in macht mit gleichbleibender Begeisterung weiter und suchen jeden Monat zweimal nach den richtigen Zahlen in den banalsten Dingen. Vielleicht sind sie diesmal in der Stromrechnung versteckt !

Zurück zum Bau. Das Dach ist fertig gedeckt worden und ich bin sehr zufrieden mit dem Ergebnis.

Feierabend, das Dach ist drauf.

17. Februar 2024

Die Truppe ist nicht auf der Baustelle, sollte doch einer gewonnen haben? Nein, das ist es nicht. Der Bauleiter hat uns angerufen und gesagt, dass sie im Wald sind und Stangen für das Baugerüst schlagen. Am Nachmittag wollten sie dann wieder auf der Baustelle sein.

Es ist Nachmittag und wie versprochen sind die Männer da und haben die Holzstangen für das Gerüst mitgebracht. Es wird nur noch abgeladen und dann ist Feierabend. Morgen soll das Gerüst aufgestellt werden.

18. Februar 2024

Schon gegen 07.30 Uhr sind die ersten Arbeiter vor Ort. Die Stangen werden je nach Verwendungszweck, als Stützstange oder als Tragstange, sortiert. Dann geht es los und gegen 15.00 Uhr steht das Gerüst. Mittlerweile sind nur noch die hälfte der Männer mit dem Gerüst beschäftigt, die anderen sind bereits wieder am Mauern und am Betonieren der fenster und Türstürze.

Das Betonieren der Fenster-und Türstürze.

Heute waren nur ein Maurer und eine Hilfsarbeiterin auf der Baustelle. Sie macht den Mörtel an und schneidet mit der Säge die Steine auf Maß, er steht auf dem Gerüst und mauert. Es werde die verschiedenen Restmaurerarbeiten erledigt, wie die über den mittlerweile trockenen Stürzen und wie man oben sieht, das zumauern der Gefächer auf der einen Seite unseres Freisitzes. Wahrscheinlich wird sich das auch in den nächsten Tagen, nicht großartig ändern, da unser Bauunternehmer noch andere Baustellen hat die auch fertig werden müssen. Mir ist das egal, ich habe Termin am 31. Mai bekommen und denke, auch das er das schafft. Die Mitarbeiter geben sich auf jeden Fall die größte Mühe und da ich ja mit einem der Männer gewettet hatte, um ein BBQ mit einer ganzen Ziege, bin ich sicher das sie es schaffen.

20. Februar 2024

Hin und wieder haben wir auch neugierige Besucher, die sich für den Fortschritt des Bauvorhabens interessieren. In diesem Fall würde ich eher auf die Neugier des Vaters tippen.

Man sieht jeden Tag den Fortschritt und nun kristallisiert sich auch mehr und mehr die gewünschte Form des Hauses heraus. Ich bin wirklich mehr als zufrieden mit dem bisherigen Ergebnis.

Zugang zur Gästetoillete

Im folgenden Bild sehen wir die Mauer die den Freisitz zum Dach hin begrenzt. Das war so nicht in der Zeichnung vorgesehen und ich war schon drauf und dran den Architekten, bzw. unseren Bauleiter anzurufen und ihm zu sagen, dass er es wieder abreißen soll. Geplant war eine stufenweise Angleichung an die Dachschräge. Der Maurer hat allerdings wohl etwas falsch verstanden und die Mauer hochgezogen. Nachdem ich mir das eine Zeitlang angeschaut hatte, fand ich es eigentlich gar nicht so schlecht. Ich entschloss mich, dann es doch so zu lassen, weil es einige Vorteile für uns barg.

Die beiden offenen Seiten des Freisitzes werden mit einem Geländer gesichert. Die Mauer die Richtung Westen den Freisitz begrenzt, werden wir nach dem Verputzen mit einer reinweißen Farbe streichen und als Leinwand für unseren Beamer nutzen. Ich kann mir sehr gut vorstellen, wie wir abends dort mit einem kühlen Drink sitzen und ein Fußballspiel oder ein Formel 1 Rennen auf unserer Großleinwand genießen.

21. Februar 2024

Auch heute ist nur ein Maurer und die besagte Hilfskraft zum Arbeiten gekommen. Er will heute die Mauer über der Eingangstüre und dem Eckfenster hochmauern. Gestern Abend hatten sie noch die beiden Betonstürze installiert und fertig betoniert.

23. Februar 2024

Gestern wurde nicht gearbeitet, aber wir hatten uns mit dem Bauleiter am Nachmittag verabredet, um die Lieferungen für den Verputz anzunehmen und vor Ort bar zu bezahlen. Zwei große Paletten mit Zement und zwei LKW mit Sand, einer fein, der andere etwas grober. Wir nutzten die Gelegenheit und haben mit dem Bauleiter noch ein paar Änderungswünsche besprochen. Meine Frau möchte noch eine Überdachung ans Haus haben, im Bereich Ihrer Außenküche. Außerdem haben wir uns entschieden, in beiden Badezimmern die Dusch-abgrenzung mit Glasbausteinen zu mauern. Die angebotenen Duschwannen und -Abgrenzungen sind mir zu klein, ich möchte beim Duschen nicht immer irgendwo anstoßen und vielleicht ergibt es sich ja mal zu zweit unter die Dusche zu gehen. Das Material für den gesamten Innen-und Außenputz hat mich jetzt 17.740 THB gekostet, was zum heutigen Kurs 455,29 € entspricht. An Lohnkosten habe ich übrigens bis jetzt 127.480 THB bezahlt, was 3.283,76 € entspricht. Sobald er jetzt mit dem Verputzen anfängt, ist die nächste Zahlung fällig in Höhe 51.810,30THB = 1.336,39 €.

Der Sand und der Zement für den Verputz ist angeliefert worden.

24. Februar 2024

Heute sind zwei Maurer am Werk. Sie bereiten die Ecken und Fensterrahmen für die Verputzarbeiten vor, und das mit einer sehr hohen Genauigkeit. In den nächsten Bildern sieht man wie sie die aufzutragende Dicke des Putzes dadurch festlegen das sie die Differenz mit dem Lot bestimmen. Dann wird das Maß mit Hilfe einer gespannten Maurerschnur auf die gesamte Fläche übertragen und durch das Verputzen auf Maß an den Ecken und den Fensterrahmen fixiert. Wenn dann die anderen kommen, um die Flächen zu verputzen, geht das sehr schnell, weil man sich dann nicht mehr mit der Maßhaltigkeit aufhalten muss. Beide sagten mir, dass sie auch noch am morgigen Tag damit beschäftigt seien. Der eine ist für den Innenputz und der andere für den Außenputz zuständig.

Dieser Maurer ist für die Einhaltung des Maßes beim Außenputz verantwortlich.

26. Februar 2024

Heute sind Nittaya und ich zu unseren Freunden Pang und Ian gefahren, um uns die von Ihnen gekauften Türen und Fenster für Ihr Haus anzuschauen. Die Türen im Haus gefallen mir sehr gut und auch die Fenster, aber die Außentüre ist eine Glasschiebetüre, die möchte ich in meinem Haus nicht haben. Das liegt allerdings auch daran, dass Ihr Haus direkt neben

dem Haus der Eltern von Pang gelegen ist und jederzeit überwacht werden kann. Unser Haus liegt dagegen sehr einsam
und für Einbrecher wäre es ein leichtes solch eine Türe zu
öffnen. Ian hat noch eine komplette Rolle mit Kabel übrig, die
ich ihm abkaufe, allerdings wusste ich zu diesem Zeitpunkt
nicht, das unser Elektriker diese nicht für unsere Installation
gebrauchen kann und ich sie am nächsten Tag wieder zurück-
geben werde.

Mit Pang und Ian beim Essen.

27. Februar 2024

Die Elektriker haben Ihre Arbeit begonnen. Anders als ich es bei Ian gesehen habe und wie ich es auch für unser Haus befürchtet hatte, verlegen sie gelbe Kunststoffrohre unter Putz. Bei der eigentlichen Installation werden dann die Kabel durch die Rohre geschoben und installiert.

Der Elektromeister erklärt meiner Frau seine Arbeit.

Die Jungs machen gute und schnelle Arbeit.

28. Februar 2024

Auch heute bereiten die Elektriker Ihre Installation vor und stemmen Schlitze und Löcher für die Rohre und Dosen. Zusätzlich sind auch noch zwei Maurer da um die Vorarbeiten für die anstehenden Verputzarbeiten zu erledigen.

29. Februar 2024

Die Elektriker sind mit Ihren Vorbereitungsarbeiten fertig, die beiden Maurer und eine weibliche Hilfskraft haben gestern schon mit dem Innenputz begonnen und zwei Innenwände im Schlafzimmer verputzt.

02. März 2024

Gestern war wieder Lotterie, ganz Thailand steht dann Kopf und wer es sich erlauben kann, lässt an diesem Tag die Arbeit sein. Heute geht es normal weiter mit den Verputzarbeiten und gegen Abend hatten sie weitere vier Wände fertig. Meine Frau und ich hatten auch gestern einen anstrengenden Tag. Die Fliesen für die beiden Bäder und für die Außenküche meiner Frau mussten ausgesucht werden. Viele Asiaten stehen ja total auf Verschnörkelungen und möglichst bunt, für mich eine Beleidigung meiner Augen. Es war also eine ziemliche Überzeugungsarbeit und viele Kompromisse notwendig, um ein Styling herauszufiltern, das uns beiden zusagte. Aber ich denke, dass ich ganz zufrieden mit dem Ergebnis sein kann. Keine Verschnörkelungen und auch nicht bunt. Fotos folgen, sobald sie verlegt sind. Außerdem haben wir beide beschlossen, dass wir als Aufgang zu unserem Freisitz keine Wendeltreppe wie zuerst angedacht installieren werden. Eine ganz normale Treppe, betoniert und mit rutschfesten Fliesen verkleidet, lässt sich viel einfacher gehen und ist auch nicht so sperrig. Für den morgigen Tag hat der Bauunternehmer den größten Teil seiner Truppe bei uns auf dem Bau eingeplant. Ich bin mal gespannt ob und wie viele morgen hier sind.

03. März 2024

Heute geht es aber rund. Acht Mitarbeiter des Unternehmens sind vor Ort. Beim Verputzen ist auch eine Frau dabei, die wohl, wenn ich es richtig verstanden habe, von Ihrem Mann in diese Kunst eingeführt und unterrichtet wurde. Sie verputzt den unteren Teil der Wand und er steht auf dem Gerüst und erledigt den oberen Bereich, wenn das kein Teamwork ist. Drei weitere Maurer ergänzen die Verputzer. Ein Maurer ist mit den Vorbereitungen zum Betonieren der Außentreppen vor und hinter dem Haus beschäftigt und eine weitere Frau und ein Handlanger mischen den Verputzmörtel an.

Die Abendsonne scheint durch die Tür und Fensteröffnungen.

Ein Fläschen Schnaps und ein kleiner Snack vom Bauherrn zum Feierabend hebt die Stimmung und motiviert die Truppe für den nächsten Tag.

04. März 2024

Der Geburtstag meiner Frau, heute wird sie nicht mit zu der Baustelle kommen, ich habe sie mit ihrer Schwester in die Stadt geschickt zum Shoppen. Sie hat es sich wahrlich verdient und wollte zuerst nicht fahren, als dann ihre Schwester sie bat, bei der Auswahl ihrer Gardinen zu helfen ist sie dann doch mitgefahren. Auf der Baustelle ist die gleiche Truppe wie gestern und haut ordentlich rein.

05. März 2024

Auch heute ist die gleiche Truppe vor Ort und macht mit dem Innenputz weiter. Einer der Männer ist dafür abgestellt worden die Vordertreppe, und die Treppe auf der Rückseite des Hauses zu mauern und zu betonieren.

Fundament der Treppe auf der Rückseite des Hauses.

Gemauert und mit Beton ausgegossen.

06. März 2024

Auch heute sind sie noch mit dem Innenputz beschäftigt, der aber gegen Abend erledigt sein sollte. Für morgen ist ein großes Aufgebot geplant, mindestens 6 Verputzer sollen mit dem Außenputz beginnen. Dann müsste es ja ziemlich schnell vorangehen. Ich bin gespannt.

07. März 2024

Wie angekündigt kommen insgesamt 11 Personen, davon eine weibliche Hilfskraft und eine Verputzerin, die auch schon in den vergangenen Tagen bei den Innenputzarbeiten Ihren Mann gestanden hat. Vier Leute sind ständig damit beschäftigt den Mörtel anzurühren und zu den Verputzern nach draußen zu bringen. Vier Verputzer stehen am Sockel und zwei sind auf dem Gerüst. Ein wirklich eingespieltes Team. Der elfte Mann ist unser Bauleiter, der überall mit anpackt, obwohl er noch ein bisschen gehandikapt ist. Er ist aktiver Kampfsportler und hatte vorgestern in der Muay-Thai Boxhalle in Bangkok einen Kampf, bei dem er einen bösen Cut über dem linken Auge bekommen hat. Aber Hauptsache er hat gewonnen. Teilweise haben sie das Gerüst mit einer dunklen Plane abgedeckt, um das zu schnelle abbinden des Verputzes zu verhindern. Zu schnelles Abbinden des Materials würde Risse in der Oberfläche erzeugen.

Die Plane verhindert zu starke Sonneneinstrahlung und schützt auch ein wenig die Arbeiter. Auch für den nächsten Tag ist die gleiche Mannschaft geplant, dann werden die Nordseite und die Seite zur Straße, also die Ostseite verputzt.

08. März 2024

Wie gestern schon angedeutet, ist die gesamte Mannschaft auch heute wieder angetreten. Der Ablauf ist der gleiche wie gestern, die Mannschaft, die am Verputzen ist, trägt zunächst den Rauputz auf und nachdem dieser ein wenig abgebunden hat, wird der Feinputz hinterher aufgezogen. Dann folgt nach dem leichten Abbinden des Feinputzes das Abreiben, mit reichlich aufgespritzten Wasser. Danach ist die Oberfläche erstaunlich fein.

Alle in „Action"

09. März 2024

Heute sind nur 4 Leute anwesend, sie machen noch kleinere Verputzarbeiten, wie zb. Innen die Pfosten zu verputzen. Man spürt, dass sie ziemlich fertig sind von den zwei vorangegangenen Tagen. Das liegt nicht nur an dem immensen Tempo, was sie vorgelegt hatten, sondern schuldet auch der Tatsache, das wir zurzeit hohe Luftfeuchtigkeit von ca. 80% haben, bei Temperaturen von 32 – 38 Grad Celsius, also ähnlich wie in der Dampfsauna.

Für die nächsten Tage ist Ruhe angesagt, bedingt durch die Ordination eines Verwandten des Bauunternehmers zum Novizen. Das ist in Thailand eine große Sache.

Gemäß der Tradition soll jeder männliche Thai etwa mit Vollendung des zwanzigsten Lebensjahres, möglichst vor einer Heirat, für einige Zeit in den Mönchsorden eintreten. Im Volksglauben gewinnt man großen Verdienst, wenn man für einige Zeit Novize oder Mönch wird. Aber auch all diejenigen, die die Kosten der Ordination bestreiten oder unterstützen, erlangen große Verdienste. Derjenige, der nicht Mönch geworden ist, gilt insbesondere in den kleineren Dörfern immer noch als unreif. Der junge Mann bereitet eine Schale vor, auf der Räucherstäbchen, Wachskerzen und Blumen liegen. Diese übergibt er seinen Eltern oder älteren Verwandten. Dabei kniet er sich vor ihnen hin und verbeugt sich in der Haltung der Verehrung mit gefalteten Händen vor ihnen. Dadurch erweist er ihnen Respekt und unterrichtet sie von seiner Bereitschaft, in die Ordination zu gehen. Anschließend erfolgt ein zeremonieller Abschiedsgruß mit folgendem Inhalt: „Ich bitte darum, das alle Taten, die ich in Gedanken, Handlungen oder Worten gegen sie gewendet habe, gnädig zu vergeben". Nachfolgend verabschieden sich die Eltern oder Ältere und der junge Mann, verbeugt sich nochmals mit gefalteten Händen bis zum Boden. Einen Tag vor dem Eintritt ins Kloster findet große Aufregung statt. Nachbarn und Verwandte bringen Geschenke und Spenden, meistens Geld, vorbei, um zu unterstützen und Verdienste zu erwerben. Die Vorbereitungen dauern meistens bis spät in die Nacht. In den ländlichen Dorfgemeinschaften ist die Hilfe untereinander immer noch vorbildlich. Der angehende Mönch war vorher für einige Zeit als Laie ins Kloster eingetreten, um zu lernen, wie er in Pali Fragen beantworten muss, die ihm die älteren Mönche bei der Ordination stellen werden. Zur Zeremonie gehört auch das Schneiden der Haare, der Augenbrauen und des Bartes. Danach wird er ganz in Weiß eingekleidet, das Symbol der Reinheit. Mit Absprache des Wats kann dann die Uhrzeit der Ordination festgelegt werden. Der Kandidat begibt sich zu einer Prozession vor seinem Haus zum Wat. Er muss auf dem Weg zum Wat in seinen gefalteten Händen eine Kerze, Räucherstäbchen und eine Lotosblume tragen. Dies symbolisiert eine Verehrungsgeste. Mitgeführt werden die acht Requisiten eines Mönches: die Almosenschale, den herkömmliche Rock, das Übergewand, das Schultertuch, den Gürtel, das Rasiermesser, die Nadel und den Wasserfilter. Außerdem bringt man Roben und andere Gaben für den zukünftigen religiösen Lehrer des Kandidaten und den Mönchen. Dies alles geschieht auf der Ladefläche eines Pick-Up. Dieser fährt in einem Schleichtempo hinter einem anderen Pick-Up her, auf dem eine Band mit großen Verstärkern und Lautsprechern sitzen bzw. stehen und einen gewaltigen Krach produzieren. Die Thais umtanzen die Fahrzeuge mit wachsender Begeisterung und ständig steigenden Alkoholspiegel. Im Schneckentempo geht es Richtung Wat zur eigentlichen Ordination. Bis die gesamte Feiergemeinde dort angekommen ist, sind etliche Flaschen Whiskey geleert worden und selbst Personen die sonst keinen Alkohol trinken machen an diesem Tag eine Ausnahme.

Im Bereich des Bot, der Gebetshalle, angekommen, umschreitet die ganze Prozession dreimal im Uhrzeigersinn den Bot. Der Kandidat, der bereits vor dem Eintreten in den Bot-Bereich abgestiegen ist, geht zu einem der Grenzsteine vor dem Bot, erweist diesem seine Verehrung und spricht eine Pali-Formel. Dieser Grenzstein symbolisiert den Wohnort eines Schutzgeistes, der besänftigt werden muss. Danach erhebt er sich und geht in das Bot. Beim Betreten des Ordinationsraumes im Bot wird der Kandidat vor seinen Eltern oder seinem Förderer an der Hand geführt. Freunde und Verwandte folgen ihnen. Während sie hintereinander schreiten, sind sie alle mit einem lockeren Baumwollfaden in der Hand verbunden. Dieser Faden symbolisiert praktisch eine Art Verdienstleistung, damit jeder den gleichen Anteil an Verdienst erhält. Schwangere Frauen dürfen übrigens nicht an dieser Zeremonie teilnehmen, weil nach dem Glauben dadurch eine schwere Geburt möglich wäre. In der Ordinationshalle werden danach alle Geschenke abgelegt, und man setzt sich. Der Kandidat zündet zunächst zur Verehrung Buddhas eine Kerze an und verbeugt sich. Vor ihm steht das Podest mit der Buddhastatue, darunter sitzt die Versammlung der Älteren. Die Kerze hat auch eine Symbolik. Sobald die brennende Kerze an ihrem vorgesehenen Platz gesteckt wird, wird sie als Vorzeichen für das Mönchsleben gedeutet. Steht sie aufrecht, wird er der Religion lange dienen. Neigt sich die Kerze ein wenig, was meistens der Fall ist, wird er nicht sehr lange im Orden verbleiben. Je stärker sie sich neigt, desto kürzer wird sein Aufenthalt im Kloster sein.

Jetzt erfolgt die Übergabe der gelben Mönchsgewänder. Der Kandidat muss sich vor den älteren Mönchen niederhocken und das Gewand mit beiden Händen hochhalten. Nun muss er mit lauter Stimme auf Pali den Ältestenrat um seine Ordination als Novize bitten. Wird die Zustimmung erteilt, geht er hinaus, um sich umzuziehen, wobei ihm geholfen wird. Danach kehrt er zurück, um sein Gelübde abzulegen, was wiederum von einem älteren Mönch entgegengenommen werden muss. Anschließend muss er die Mönchsversammlung bitten, im Orden aufgenommen zu werden. Dazu überreicht er dem

Obermönch die Almosenschale, die dieser ihm dann mit einer Schlinge über die Schulter hängt.[1]

Unser Bauunternehmer und sein Sohn der Architekt, haben dieses Fest das über eine Woche lang geht, mitfinanziert und so bleibt auch uns, nichts anderes übrig zu warten bis es wieder mit dem Bau weitergeht. Das soll ab dem 17. März sein, da wie bereits erwähnt, der 16. jeden Monats der traditionelle Tag der Lotterie darstellt. Mir soll es Recht sein, ein bisschen Ruhe tut uns auch gut, aber meine Frau wird nervös, wenn es solange nicht weitergeht.

---

[1] https://www.songkran.eu/Ordination-_-M.oe.nch-werden.htm

17. März 2024

Es waren noch ein paar Verputzarbeiten an den Pfeilern zu machen. Dafür würde ein Mitarbeiter abgestellt, der dies zu erledigen hatte. Gleichzeitig war aber auch der Chef der Firma vor Ort und machte den Aufriss für die Außentreppe, die nach oben auf unseren Freisitz führen soll. Er sagte das er bereits die notwendigen Rigipsplatten für die Deckenkonstruktion und natürlich auch die notwendigen Aluminiumprofile bestellt hätte. Die sollen morgen angeliefert werden.

Der Chef „Höchstselbst" beim Aufriss der Treppe.

Auch hatte sich ein ungebetener Gast in einer Ecke zur Decke hin gemütlich gemacht.

Ihm haben wir sofort die Gastfreundschaft aufgekündigt und hinausgeworfen.

18. März 2024

Am frühen Nachmittag bekamen wir den Anruf, dass die Lieferung da sei und wir bitte den Betrag überweisen sollten. Das habe ich natürlich sofort getan, und WISE sei Dank war das Geld innerhalb von Sekunden auf dem Konto des Lieferanten. Das möchte ich an dieser Stelle nochmal betonen, wenn sie sich entschließen, in Thailand zu bauen, wählen sie auf jedenfalls einen Finanzdienstleister der in der Lage ist das gewünschte Geld innerhalb von Sekunden in Echtzeit zu überweisen. Ich kann da wirklich WISE empfehlen, da ich schon damals als sie gegründet wurden mir ein Konto eingerichtet habe und niemals irgendwelche Probleme hatte, auch haben sie den Vorteil, das sie immer mit dem bestmöglichen Kurs Ihr Geld umtauschen können.

Wir kamen also zur Baustelle und die Lieferanten waren gerade dabei die Ware abzuladen.

Beim Abladen ist „Handarbeit" angesagt.

Ich habe die Zeit genutzt, und die Fensteröffnungen ausgemessen um mir ein Angebot einholen zu können was die Fenster kosten. Im Internet habe ich eine Fensterbaufirma gefunden, die nach europäischen Standard Fenster und Türen mit Doppel-und Dreifachverglasung anbietet. Das ist hier in Thailand absolut unüblich, als ich meiner Frau davon erzählte sah sie mich höchst erstaunt an und sagte, sowas brauchen wir hier nicht. Ich habe Ihr gesagt, das sie keine Ahnung davon hat und ich das entscheiden werde. Das hört sich jetzt nach einem Ehestreit an, war es aber nicht. Gerade auf einem Dorf gibt es eigentlich nur Häuser mit Einfachverglasung, ausgenommen vielleicht mal dazwischen ein Haus, das ein „Farang" gebaut hat, und das auch nicht immer. Selbst mein englischer Freund Ian hat bei seinem Neubau nur Einfachverglasung. Ich sehe das anders, wenn ich schon Steine und Bedachung so wähle das sie möglichst gut Isolieren, dann sollte man nicht bei den Fenstern aufhören damit. Ich bin fest davon überzeugt, dass sich diese Investition schnell amortisiert und Energie eingespart wird bei der Laufzeit der Klimaanlagen.

19. März 2024

Heute ist unser Bauleiter vor Ort, mit einem Mitarbeiter, den ich noch nicht kenne. Er scheint der Mann für den Innenausbau zu sein. Die beiden legen die Zimmerhöhe fest und fixieren sie mit einer Schlagschnur. Danach beginnen sie die Aluminiumwinkel anzubringen, auf die sich die Befestigungsschienen legen. Nachdem Sie alle Messungen vorgenommen haben beginnen sie mit der Montage der Aluminiumprofile.

Das Material für den Innenausbau liegt bereit

20. März 2024

Nachdem gestern der Bauleiter geholfen hat, die Zimmer-deckenhöhe zu fixieren, und die ersten Aluminiumprofile ange-bracht wurden, ist heute sein jüngerer Bruder als Handlanger bei dem Trockenbauspezialisten. Ich bin wirklich begeistert, mit welch einer Professionalität der Mann ans Werk geht. Vor allem bin ich sehr zufrieden das die Maßhaltigkeit genau ein-gehalten wird. Gestern nach Feierabend hatte ich ein paar Maße überprüft und alle waren in Ordnung.

Sieht schon etwas seltsam aus, aber unten sieht man, doch was es werden soll.

21. März 2024

Heute geht es im gleichen Maße weiter wie gestern. Gegen Mittag haben wir uns mit dem Elektromeister in der Stadt verabredet. Er hat einen kleinen Lieferanten für die erforderlichen Elektroartikel, der sehr preisgünstig ist. Es ist der gleiche Händler, wo wir ganz am Anfang die Kabel und die Schaltkiste gekauft haben. Die Kabel, die Verrohrung, die Verteilerdosen usw. kosten mich 30.500.-THB, das entspricht 777,05 €. Ich denke, das ist für ein ganzes Haus ok.

Der Meister bei der Arbeit

22. März 2024

Meine Frau und ich planen derzeit unsere Küchen, aber ich musste feststellen, dass ich mit den mir zur Verfügung stehenden Maßen nicht zurechtkomme. Ursprünglich hatte ich eine Trennwand zwischen Wohn-Esszimmer und Gästebad und Gästezimmer geplant, Sodas wir dort davor einen kleinen Flur gehabt hätten. Beim Aufriss der Zwischenwände hatte ich mich dann von dem Bauleiter und meiner Frau überreden lassen auf diese Trennwand zu verzichten, nun sah ich ein, dass dies wohl doch ein Fehler war, denn dadurch fehlten mir ca. 1,50m an Wandfläche für meine Küchengeräte. Also diskutierten wir das Problem durch und einigten uns auf einen Kompromiss. Die Mauer wird nun auf eine Länge von 1,60m aufgebaut und beschränkt sich auf Zimmertürenhöhe. Dadurch können wir oben auf die Mauer einig Sachen stellen als Blickfang, was genau wissen wir noch nicht, vielleicht irgendein „Eyecatcher" mit indirekter Beleuchtung, ich denke, da fällt uns noch etwas zu ein. In dieser Zeit war, unser Trockenbauspezialist und der Elektriker fleißig am Arbeiten.

23. März 2024

Langsam gehen die Vorbereitungsarbeiten für die Decke dem Ende zu. Der Elektriker hat noch einiges zu tun und will von mir die Stelle wissen, wo ich den großen Deckenventilator hin-haben möchte, auch die Position der Dunstabzugshaube musste ich ihm mitteilen. Beide Artikel habe ich bei Lazada gekauft, vergleichbar mit Amazon aber um Klassen günstiger. Ich habe ganz bewusst günstiger und nicht billiger geschrie-ben, weil sie neben billigen China-Schrott auch wirklich gute Qualität anbieten. Die Dunstabzugshaube ist zb. von der deut-schen Firma Teka, die ganz in der Nähe meiner Heimatstadt Ihre Anfänge hatte und durchweg Spitzenqualität erzeugt. Auch alle anderen Küchengeräte werde ich von Teka kaufen, die über Lazada erhältlich sind.

Auf dem Bild auf der vorherigen Seite sieht man den Elektriker bei seiner Arbeit. Hier ist er gerade in unserem Badezimmer zu Gange und man sieht, das die Wände nur mit Rauputz versehen wurden, weil und das macht natürlich auch Sinn, die Fließen darauf verlegt werden.

24. März 2024

Heute sind wieder mehr Mitarbeiter auf der Baustelle, denn sie wollen die Verblendung am Dach anbringen. Ein Knochenjob, denn die Unterleisten sind bohlendick und auch so lang und außerdem sehr schwer.

Auf dieser Seite sind die Unterleisten schon angebracht, allerdings nur an der Längsseite.

Auf der anderen Seite sind die Leisten auch Richtung „First" befestigt.
Die zweite Längsseite ist jetzt dran.

25. März 2024

Man merkt, dass die Firma viel zu tun hat. Heute ist nur der Trockenbauspezialist und der Handlanger vor Ort. Die anderen sind auf einer anderen Baustelle und sollen wohl erst morgen wieder bei uns auf der Baustelle sein. Von der Unterleiste hatte man zu wenig bestellt und so fährt unser Bauleiter in die Stadt und holt noch Nachschub. Ich will an dieser Stelle nichts Schlechtes über die Thais sagen, aber es ist mir schon öfter aufgefallen, das es mit der Mathematik bei Ihnen nicht weit her ist. Selbst bei den kleinsten Rechenaufgaben benutzen sie einen Taschenrechner und wenn sie in einem Laden zb. bei einer Rechnung von 154 THB, 200 THB geben, und anschließend sehen das sie noch 4 THB klein haben und dazu legen, um einen fünfziger Schein zurückzuerhalten, bricht das große Chaos aus. Bisher habe ich noch nie eine:n Thai erlebt der in der Lage gewesen wäre solch eine Rechenaufgabe im Kopf zu rechnen. Ein Bekannter von mir der schon seit 20 Jahren in Thailand lebt, nennt sie nur das Volk der Fingerzähler. Auch hapert es gewaltig mit der Allgemeinbildung, so wie wir sie in Europa kennen ist sie nirgends vorhanden. Hier gibt es niemanden der Leonardo da Vinci oder Albert Einstein kennt, oder jemals von diesen Genies gehört hätte, nur um ein kleines Beispiel zu nennen. Dafür ist der Aberglaube aber weit verbreitet, an den Tagen vor der Lotteriziehung ist es besonders schlimm, aber das hatte ich ja bereits ausgeführt.

26. März 2024

Zusätzlich zu den beiden von Gestern, sind heute noch der Elektromeister und sein Geselle sowie unser Bauleiter vor Ort. An der Rückseite des Hauses wird nun eine Rechteckrohr-konstruktion in den First gebaut, um daran die Wetterplatten zu befestigen und um den Bau dicht zu bekommen.

Auf diesem Bild ist die Konstruktion schon fertig.

Die Elektriker sind auch fleißig.

Der Elektromeister meint in 2 Tagen mit der Installation fertig zu sein, allerdings kommen dann noch verschiedene Anschlüsse dazu, wie unsere Überwachungskameras die ich bei Lazada bestellt habe und noch nicht geliefert wurden. Genau so wie den Deckenventilator auf den ich jeden Tag warte, alternativ hätte ich diese Dinge bei Thai Watsadu, Global House oder Home Pro kaufen können, aber Lazada ist um vieles günstiger bei den gleichen Produkten. Auch habe ich mich dazu entschieden, die Elektroartikel für die Küche und das Wohnzimmer bei Lazada zu bestellen, im Gesamten spare ich dadurch mehrere zehntausend Bath, und das bei Qualitätsmarken wie Teka, Bosch, LG und Samsung.

27. März 2024

Die gleiche Truppe wie gestern ist am Werk. Nun ist die Rechteckrohrkonstruktion an der Vorderseite des Hauses dran und unsere Elektriker verlegen fleißig die Kabel und sind guten Mutes, wie man auf dem folgenden Bild sehen kann. Man achte bitte auf die leichte Form der speziellen Sicherheitsschuhe.

Er scheint Spaß an seiner Arbeit zu haben.

Ich weiß nicht wie die Leute mit diesem Schuhwerk arbeiten können, ich verliere sie, schon von den Füßen, wenn ich nur damit ins Bad gehe.

Sonnenuntergang durch unser Küchenfenster gesehen, ein arbeitsreicher Tag neigt sich dem Ende zu.

28. März 2024

Die Unterkonstruktion mit den Rechteckrohren ist beendet und nun beginnen die Handwerker die Wetterplatten auszumessen und zuzuschneiden, um sie anschließend an die Rechteckrohrkonstruktion anzuschrauben. Es ist eine ziemliche „Sisyphusarbeit", da jede einzelne Platte ausgemessen werden muss, mit verschiedenen Maßen und Winkel, außerdem müssen an der Front und an der Hinterseite Belüftungsöffnungen eingeplant werden, damit kein Kondenswasser entsteht, der den Bau nass machen und zum Schimmeln bringen würde.

Hier sieht man sehr schön die Belüftungsöffnung, die natürlich noch mit Moskitogitter bespannt wird.

Mit dem Innenausbau geht es auch weiter, die ersten Rigipsplatten sind an der Decke befestigt.

29. März 2024

Im Schlafzimmer haben sie die Decke schon fast fertig, es muss nur noch der Absatz verkleidet werden.

Es wird beabsichtigt, das wir den Absatz nutzen um eine indirekte Beleuchtung zu installieren. Zurzeit sind auf der Baustelle viele verschiedene Arbeiten zu erledigen, Sodas ich nicht genau weiß, in welcher Reihenfolge sie diese abarbeiten wollen. Ich lasse mich mal überraschen, was als Nächstes gemacht wird. Man sollte eigentlich meinen, das sie zunächst im Wohnzimmer weitermachen, aber am nächsten Tag wurde dort nicht weitergearbeitet, sondern draußen am Dachüberstand.

Meine Frau beim allabendlichen „Staubaufwirbeln"

30. März 2024

Wie ich schon angedeutet hatte, wurde nicht im Innenraum weitergearbeitet, sondern draußen am Dachüberstand die Verkleidung angebracht. Als ich unseren Bauleiter Theerapat nach dem Grund fragte, sagte er mir, dass der Trockenbauspeziallist für ein paar Tage in eine andere Provinz gereist sei. Dort wohnte er und seine Frau sei erkrankt, um die er sich kümmern müsste. Das ist natürlich ein Grund, dem man nicht widersprechen kann. Ich wünschte gute Genesung.

Die Arbeiten an der Dachverkleidung sind nun im Gange.

04. April 2024

Am Sonntag wurde ausnahmsweise mal nicht gearbeitet und am Montag, den 01. April ist ja wieder die obligatorische Ziehung der thailändischen Gewinnzahlen, also auch kein Arbeitseinsatz. Dienstag und Mittwoch waren die Arbeiter auf einer anderen Baustelle und unsere lag brach. Aber heute am 04. April geht es weiter, die Abdeckplatten werden unter den Dachüberstand angebracht.

Es nimmt langsam Form an.

05. April 2024

Auch heute geht es mit der Dachverkleidung weiter, es ist eine sehr kraftaufwendige Arbeit, die einen sehr schnell ermüden lässt. Wer schon einmal Überkopfarbeiten gemacht hat, wird mir da sicher zustimmen. Außerdem muss jede Platte ausgemessen und zugeschnitten werden, dass bedeutet auch einen aufwendigen Zeiteinsatz.

Auf dem Freisitz ist es schon etwas leichter zu arbeiten wie auf dem wackeligen Gerüst. Auch am nächsten Tag geht es mit dieser Arbeit weiter.

06. April 2024

Sieht schon sehr sauber und professionell aus.

Morgen ist Sonntag und es wird auch diesmal nicht gearbeitet, mir soll es recht sein, die Leute leisten gute Arbeit und müssen auch mal ausspannen. In Deutschland wäre es sowieso unmöglich die Mitarbeiter fast jedes Wochenende durcharbeiten zu lassen. Mir kommt es so vor, als ob die Mitarbeiter zusammen mit dem Chef Woche für Woche selbst bestimmen, ob am Wochenende gearbeitet wird. Aber ob das wirklich so ist, weiß ich natürlich nicht.

08. April 2024

Die Abdeckplatten sind angebracht und es geht innen weiter mit dem Ausbau der Rigipsdecken.

Meine Frau wollte gerne eine abgesetzte Decke in den beiden Schlafzimmern und in dem Wohnzimmerbereich haben. Im Wohnzimmer werden wir in der Mitte einen Deckenventilator mit Beleuchtung anbringen.

Hier sieht man den Esszimmerbereich und „meine Küche", zur Thaiküche geht es dann durch die Türe nach draußen. Wir haben beide Küchen quasi gegenüber positioniert, nur getrennt durch die Hauswand und verbunden durch das Fenster und die Türe. Ich esse zwar sehr gerne die leichte und sehr gesunde Thaiküche, aber hin-und wieder muss ich mal etwas Deftiges auf den Teller bekommen und diese Gerichte dann draußen in einer Thaiküche mit einem Zwei-Flammen-Gasherd zu produzieren ist gar nicht so einfach. Außerdem bin ich leidenschaftlicher Hobbykoch und koche auch gerne mal etwas Außergewöhnliches für meine Gäste. Die dafür notwendigen Lebensmittel bekommt man für relativ „kleines Geld" frisch auf dem Markt oder in der Makro und im Lotus.

09. April 2024

Heute wurde uns eröffnet das man nur noch den heutigen und den morgigen Tag arbeiten würde. Grund für den Arbeitsstop sind die bevorstehenden Feiertage. Das thailändische Neujahrsfest, „Songkran" auch Wasserfest genannt, beginnt in wenigen Tagen. Ganz Thailand ist dann in Aufruhr, Tage vorher wird schon alles vorbereitet und die Angehörigen, die außerhalb arbeiten und die man das ganze Jahr nicht sieht, kommen dann nach Hause. Songkran markiert den Beginn des thailändischen Neujahrs, das traditionell vom 13. bis 15. April gefeiert wird. Songkran stammt vom Sanskrit-Wort „Sankranti" ab, das „Übergang" oder „Bewegung" bedeutet, und symbolisiert Transformation und Erneuerung. Das Wasserspritzen symbolisiert die Segnung mit allem Guten, die man seinem Gegenüber wünscht.

Am Abend des 12. April werden fast alle Wohnungen geputzt. Morgens am 13. April begeben sich die Familien in die Wats und opfern dort Reis, Früchte und andere Speisen. Anschließend werden am Nachmittag die dortigen Buddha-Figuren und der Vorsteher des Wat „gebadet", indem sie mit Wasser begossen werden. In vielen Städten, wie zum Beispiel in Chiang Mai, werden dann die Buddha-Statuen in einem Umzug durch die Stadt gefahren, um anderen Gläubigen die Gelegenheit zu geben, die Statuen ebenfalls mit Wasser zu begießen.

Andere traditionelle Elemente dieses Feiertages:

- Junge Leute besuchen Familienmitglieder der älteren
  Generation, um ihnen Respekt zu erweisen, indem kleine
  Mengen von Wasser über ihre Hände gegossen werden.
  Das Wasser wurde vorher mit Jasmin-Blüten versetzt, um
  es wohlriechend zu machen.

- Die Gläubigen tragen kleine Mengen von Sand in die
  Tempel, um ihn dort im Vorhof zu chedi-artigen Pyramiden
  aufzuhäufen. Die Sand-Chedis werden oft mit bunten Fähn-
  chen dekoriert. Der Sand soll den Staub wieder an den
  Ursprungsort zurückbringen, den die Gläubigen im Laufe
  des Jahres an ihren Schuhen haftend von dort weggetra-
  gen haben.

- Generell gesehen ist Songkran die Zeit der Säuberung und
  Erneuerung. Viele Thais unterziehen aus diesem Anlass
  ihre Wohnungen einer General-Reinigung.

- Die rituellen Waschungen haben sich im Laufe der Geschichte dahingehend entwickelt, dass zu Songkran sich alle Personen gegenseitig mit Wasser übergießen. Dieser Brauch, der bereits vor dem eigentlichen Fest beginnt und auch darüber hinausgeht, wird vor allem in größeren Städten exzessiv betrieben, auch als unbeteiligter Tourist kann man leicht nass werden. Es entstehen auf den Straßen spontan regelrechte Umzüge von offenen Wagen, auf denen die Feiernden gefüllte Wassertonnen (häufig auch mit Eisblöcken) transportieren, um Wasserpistolen, Eimer und Flaschen immer wieder nachzufüllen. Außerdem wird man mit (Baby-)Puder oder Talcum bestäubt, bzw. im Gesicht damit bemalt. Traditionell wird die Paste aus der Blüte eines Baumes gewonnen und dient außerhalb von „Songkran" auch als Sonnenschutzmittel für Frauen und Kinder.

Da zu Songkran auch exzessiv Alkohol konsumiert wird, kommt es zu einem drastischen Anstieg von Unfällen (insbesondere im Straßenverkehr), bei denen jedes Jahr etwa 30.000 Personen verletzt werden und mehrere hundert Personen zu Tode kommen. Der Straßenverkehr ist ein unerschöpfliches Thema und könnte stundenlang diskutiert werden. Eines sollte jedoch auf jeden Fall nicht unerwähnt bleiben, falls sie sich in Thailand niederlassen wollen, oder aber auch nur zum Urlauben herkommen, so sollten sie gerade im Straßenverkehr besonders aufpassen, die Thailänder tun dies meist nämlich nicht.

10. April 2024

Der letzte Arbeitstag vor dem „Songkranfest". Alle Mitarbeiter strahlen eine gewisse Leichtigkeit und Fröhlichkeit aus, kein Wunder, wenn man bedenkt, dass dies eigentlich die einzigen freien Tage im ganzen Jahr sind, ansonsten wir ja bis auf die einzelnen Lotterietage immer durchgearbeitet. Unvorstellbar in Europa, besonders in Deutschland.

Die Mauer auf dem Freisitz wurde der Dachneigung angepasst.

Im Zuge der Verkleidungsarbeiten auf der Unterseite des Daches wurde auch die Mauer auf dem Freisitz der Dachneigung angepasst. Ich hatte nicht darüber mit dem Bauleiter gesprochen, sie haben es von sich aus gemacht.

Ich hatte mich ja bereits darüber ausgelassen und fand es gar nicht so schlecht, aber ich muss nun doch zugeben, dass es so wesentlich besser aussieht.

13. April bis 15. April 2024 „Songkran"

Ich möchte dem geneigten Leser „Songkran" nicht vorenthalten und hatte ja bereits einige Seiten zuvor über den Sinn und Zweck dieses Festes geschrieben. Songkran wird in ganz Thailand gefeiert, wobei sich die Ausführungen des Festes doch hier und da etwas unterscheiden. Mir persönlich gefällt es zu Songkran am besten in Chiang Mai, dort wird eine Prozession durchgeführt, die vom Tha Phae Gate quer durch die Altstadt bis zum Wat Phra Singh führt, auch sind die Wasserschlachten hier nicht so exzessiv wie zum Beispiel in Pattaya oder Krung Thep, wie Bangkok bei den Einheimischen heißt. Im Folgenden habe ich für Sie einige Bilder zusammengestellt, die ich in verschiedenen aufeinanderfolgenden Jahren zu Songkran aufgenommen habe. Zunächst möchte ich mit einigen Bildern der Prozession in Chiang Mai beginnen. Danach die Feierlichkeiten in einem Dorf in Zentralthailand.

Heinz - Günther Sänger

Die Prozession beginnt, selbst die Sicherheitskräfte machen Ihre Selfies.

Bei Temperaturen um die 40 Grad Celsius die 100derte Kilo schweren Bhuddastatuen ca. 2 km weit bis zu Wat Phra Singh zu schleppen ist sicher auch kein Spaß.

Das beste kommt zum Schluss.

Dagegen sind die Feierlichkeiten auf den Dörfern eher bescheiden und beschränken sich auf den Besuch eines Wat am ersten Tag und ausgiebige Trink-und Essgelage mit exzessiven Wasserschlachten an den folgenden 2 Tagen. Teilweise haben die Dorfbewohner Ihre Gartenschläuche bis an die Straße verlegt und bespritzen die vorbeifahrenden Autos und Mopeds direkt mit dem Schlauch, oder aber es werden Fässer und Wannen gefüllt und teilweise mit Eisblöcken gekühlt, was besonders heimtückisch ist, wie ich am eigenen Leib erfahren musste. Aber die Mitfahrenden auf der Ladefläche der Pick-ups zahlen es den am Bürgersteig stehenden Wasserspritzer mit gleicher Münze heim. Auch sie haben auf den Ladeflächen der Pick-ups ihre Wassertonnen und spritzen mit Wasserpistolen oder aber auch nur mit Hilfe einer kleineren Schüssel das Wasser auf die Passanten.

„Wasserattacke auf einen Pickup"

Wie man auf dem Bild oben sehen kann, ist die ganze Straße nass, aber es hat nicht geregnet, es kommt alleine vom Gegenseitigen bespritzen mit Wasser.

Eigentlich sollte es am 17. April weitergehen mit dem Hausbau, aber als wir am Morgen des besagten Tages zur Baustelle kamen, waren wir alleine dort. Immerhin rief uns der Bauleiter Theerapat kurz nach unserer Ankunft dort an und erklärte, man bräuchte noch einen Tag Ruhe, bevor es weiterginge. Songkran hinterlässt seine Spuren !!.

18. April 2024

Heute Morgen sind wieder alle an Bord und wohlauf, es kann wieder was geschafft werden.

Die Rigipsdecken werden gespachtelt.

Außen sind die Dachüberstände ebenfalls an der Reihe. Sie arbeiten sehr präzise, keine Stelle wird ausgelassen.

19. April 2024

Unser Bauleiter Theerapat Höchstselbst kümmert sich um die Verlegung der Wasserrohre. Auf dem Bild sieht man nur die Kaltwasserrohre, die Warmwasserrohre sind Grün und werden anschließend verlegt.

Theerapat muss sich beeilen mit der Verlegung der Rohre, die Fliesenleger „scharren schon mit den Hufen". Morgen soll es schon losgehen mit der Fliesenverlegung in den beiden Bade-zimmern.

20. April 2024

Die Fliesenleger haben mit dem Verlegen begonnen, wie versprochen. Mir tut ein junger Mann leid, der in den letzten Tagen zu der Truppe gestoßen ist und mit der Hand und feinem Schmirgelpapier alle Spachtelstellen an der Decke Innen und an den Dachüberständen abschleift. Das ist in meinen Augen eine Arbeit für jemanden der Vater und Mutter erschlagen hat. Das hat mein Vater immer gesagt, wenn solche ungeliebten Arbeiten gemacht werden mussten.

Die Fliesen im Gästebad.

Da zwei Mann zur gleichen Zeit am Fliesen verlegen sind, geht es gut voran. Hier ein Bild von den Arbeitsvorbereitungen für unser Badezimmer.

Der Fliesenleger legt die Fliesen probeweise aus, um das Maß festzulegen und um die Dicke der Fugen zu ermitteln. Dadurch kommen wir bis zur Decke ohne Verschnitt. Ich bin, immer wieder überrascht mit welcher Präzision die Leute arbeiten und das teilweise mit den einfachsten Mitteln. Laser z.b. benutzen sie nicht, nur eine einfache Schlauchwaage.

21. April bis 30. April 2024

Da in den Tagen vom 21. April bis zum 30. April die o.g. Arbeiten fortgeführt werden, fasse ich diese Tage zusammen. Es sind halt diese Arbeiten, wo man den ganzen Tag beschäftigt ist und wenn Feierabend ist, dann sieht man nicht viel von dem, was man gemacht hat, weil diese eben sehr aufwendig sind und viel Zeit kosten.

Die Wandfliesen sind verlegt, hier im Gästebad.

Weiter geht es mit dem Badezimmer für mich und meiner Frau, auch hier sind die Wandfliesen fertig verlegt und auch bereits verfugt.

Als Nächstes wird der Estrich für die Badezimmer gemischt, diesmal wieder mit weiblicher Hilfe.

Hier werden die Bodenfliesen im „Masterbahtroom" verlegt, unten in der Gästetoilette.

In der Zwischenzeit waren die anderen auch nicht faul und haben alle Spachtelstellen innen und Außen mit der Hand abgeschliffen und mit dem Grundierungsanstrich begonnen.

Am letzten Tag im April sind die beiden Bäder fertig gefliest und sie beginnen mit den Duschabtrennungen aus Glasbausteinen. Da morgen der 1. Mai ist und auch der in Thailand als „Tag der Arbeit" gefeiert wird, ist erst einmal wieder eine Pause angesagt. Da an einem Feiertag keine Lotterie ausgespielt wird, ist die Ziehung auf den 2. Mai verlegt worden und somit wird also auch an diesem Tag nicht gearbeitet. Am 3. Mai ging es dann weiter mit der Arbeit.

Wir haben uns extra für die Glasbausteine entschieden, um einen nicht vordefinierten Duschplatz zu haben, die meist zu klein und eng berechnet sind. Vorerst werden wir dort keine Türe einsetzen, sollte zu viel Wasser herausspritzen, werden wir eine Glastüre einbauen lassen.

03. Mai 2024

Heute sind wieder alle an Bord und frohgelaunt, obwohl keiner in der staatlichen Lotterie gewonnen hat. Die Glasbausteine werden fertig gemauert und der neue Eimer Grundierung den ich gestern noch bei Thai Watsadu besorgt habe, wird geöffnet.

Ich finde eine Duschabtrennung durch Glasbausteine schön, aber Geschmack ist ja bekanntlich relativ.

04. Mai 2024

Während innen der Kollege weiterhin mit den Glasbausteinen beschäftigt ist, sie müssen ja auch noch verfugt werden, sind die anderen mit der Grundierung innen und außen beschäftigt.

Für morgen Vormittag haben wir uns mit Theerapat im Thai Watsadu verabredet. Wir wollen die Deckfarben für innen und Außen kaufen. Bei der Auswahl der Farben habe ich mit meiner Frau einen Kompromiss getroffen, sie bestimmt die Farben im Innenbereich und ich die Außenfarben. Ich bin mal gespannt, wie es morgen früh abgeht.

05. Mai 2024

Normalerweise vergleiche ich sehr gerne die Preise bei den hier ansässigen Baumärkten, da ich aber auf Qualität bestehe, kommt bei mir bei der Frage der Farben nur die Produkte der Firma „Dulux" in Frage. Die anderen Hersteller sind für mich tabu, auch wenn die „Dulux Produkte" doppelt so teuer sind wie die Konkurrenzprodukte, und „Dulux" wird nur von Thai Watsadu vertrieben. Nebenbei bemerkt, habe ich auch bei allen anderen Materialien und Geräten versucht gute Qualität zu kaufen. Der Durchlauferhitzer ist von „Stibel Eltron", die Mauersteine sind Gasbetonsteine, die unter Lizenz von „Ytong" hergestellt werden, genauso wie das Dach von „Kalzip". Bei den technischen Geräten für die Küche war ich sehr glücklich, als ich sah, dass es auch in Thailand Produkte der ehemals deutschen Firma „TEKA" (ursprünglich die Firma Thielman Sechshelden) zu kaufen gibt. Dagegen setzte ich bei TV und Kühlschrank eher auf die Süd-Koreanische Firma „Samsung". Alles Spitzenprodukte, die hier wesentlich günstiger zu bekommen sind als wie in Deutschland. Für die gute Klimatisierung in unserem Haus habe ich mich ebenfalls für die Spitzenprodukte der Firma „Samsung" entschieden, und zwar wegen der Erkältungsgefahr, wenn ein eiskalter Luftstrom auf einen trifft und wenn man dann auch noch verschwitzt ist, ist es schnell geschehen und man erkältet sich. Die neuste Technologie von „Samsung" sind Klimageräte mit der Bezeichnung „WindFree", Wie funktioniert das? Im Fast-Cooling-Modus öffnet sich die Frontabdeckung und jede Ecke des Raums wird rasch abgekühlt. Sobald die eingestellte

Temperatur im Fast-Cooling-Modus erreicht ist, schließt sich die Frontabdeckung. Im WindFree™-Modus wird frische Luft gleichmäßig durch Tausende von Mikrolöchern verströmt, so wird verhindert, das ein kalter Luftstrom direkt auf einen trifft und man sich erkältet.

Aber zurück zum Einkauf bei Thai Watsadu, wir waren pünktlich vor Ort und haben uns schon mal die Farbtabellen angeschaut. Als dann Theerapat 10 Minuten später kam, wussten wir schon genau, was wir wollten. Für den Außenanstrich habe ich mich für eine graue Sockelfarbe entschieden, die in etwa den gleichen Farbton wie unser Dach hat. Dann folgt für die Etage reinweiß, „Dulux Weathershield Powerflex", eine Farbe, die leicht zu reinigen ist und die einen hohen Reflexionswert hat, dadurch heizt sich die Wand nicht so stark auf und man senkt die Kosten für die Klimaanlage. Die Giebel werden dann wieder in dem eben erwähnten Grau gestrichen, Grundlagenfarbe ist das eben erwähnte Produkt. Die Wände des Freisitzes wieder in Weiss. Für den Innenbereich hat meine Frau einen Eierschalenfarbton rausgesucht, der mir auch ganz gut gefällt. Mich hat es nur gewundert, dass sie alle Wände in diesem Ton streichen lassen will. Mal sehen, wie das aussieht, wenn es zu eintönig wirkt, werde ich nochmal Überzeugungsarbeit leisten müssen.

06. Mai 2024

Als wir heute Morgen nach dem Frühstück die Baustelle besuchten, hatten die Jungs bereits einige Hilfsbahnen aus Estrich gezogen, um die Höhe gleichmäßig zu garantieren. Zwei andere waren außen mit dem Anstreichen beschäftigt, wobei der eine sich den Feinarbeiten am Giebel widmete.

Diese Hilfslinie hat genau die Höhe, die der gesamte Boden später haben soll, und ist parallel so zur nächsten angebracht, dass man den Estrich mit einer Latte abziehen kann.

Die Feinarbeiten am Giebel, Streichen der Abdeckleisten.

07. Mai 2024

Gestern hatte man schon den Estrich bestellt und den Baustahl für die Treppe hinauf zu unserem Freisitz. Das Material sollte nun heute im Laufe des Tages angeliefert werden. In der Zwischenzeit gab es noch viele Malerarbeiten im Innen-wie im Außenbereich. Nachdem der LKW die Ware geliefert hatte, begann man sofort mit dem Messen der Stahlträger und dessen Zuschnitt. Gegen Abend hatten die Jungs schon die Grundrahmen und die Pfosten gesetzt. Am nächsten Morgen sollte dann mit dem Estrich begonnen werden.

08. Mai 2024

Wie geplant so durchgeführt. Heute Morgen waren 4 Personen dafür eingeteilt den Estrich zu mischen, im Schubkarren zu den Abladestellen zu befördern und zu verteilen, und zwei Mann waren mit dem Abziehen beschäftigt. Zwei Weitere waren nach wie vor mit der Stahlkonstruktion der Treppe beschäftigt. Heute würde sehr viel geschafft werden, meine Frau und ich waren guten Mutes und freuten uns bereits auf das Ergebnis.

Der Estrich ist drin.

Die Stahlkonstruktion macht auch Fortschritte, zunächst sind alle Schweißstellen nur geheftet und werden, wenn sie die endgültige Position erreicht haben fertiggeschweißt.

Gestrichen wird die Konstruktion zunächst mit einem Rostprimer und danach mit einer schwarzen Eisenfarbe.

09. Mai 2024

Da es heute Morgen heftig geregnet hat, hat man sich kurzfristig entschlossen, den Bau einen Tag ruhen zu lassen. Der Estrich musste ja sowieso Zeit bekommen, um abzubinden, und bei dem Regen konnte man nicht an der Stahlkonstruktion arbeiten. Da langsam aber sicher die Monsunzeit hier bei uns beginnt, mache ich mir schon etwas Sorgen um die Fertigstellung. Wenn es jetzt jeden Tag regnen würde, würde dann unser Haus fertig werden oder müssten wir warten bis die Regenzeit vorbei war ?. Ich war aber dann wieder beruhigt, als ich am Nachmittag zur Baustelle kam und zumindest ein Mann auf dem Gerüst stand und meine graue Farbe zum Einsatz brachte. Man nutzte also jede Möglichkeit, um hier fertig zu werden.

10. Mai 2024

Ich finde die Farbkombination sehr schön.

Auch heute wurde wieder fleißig gestrichen und an der Stahl-konstruktion gearbeitet. Außerdem wurde unser Wunsch auf-gegriffen, und eine Mauer im Wohnzimmer bzw. im Bereich meiner Küche hochzuziehen. Das ist notwendig geworden, da der Platz nicht für alle Geräte die ich in meiner Küche haben möchte, ausgereicht hätte. Ich habe lange mit mir gekämpft, ob wir das machen sollten und dadurch eventuell das Bild des Zimmers zerstören würden, aber letztendlich sollte es gar nicht so schlecht aussehen, wenn man es entsprechen deko-rieren würde.

Ursprünglich war dort sowieso eine Wand mit einer Türe geplant. So wäre also dieser kleine Flur entstanden, den unser Bauleiter aber als nicht praktisch ansah. Als ich der Änderung zustimmte und auf die Wand verzichtete, hatte ich allerdings nicht auf dem Schirm, dass mir dadurch ein erheblicher Teil meiner geplanten Küche verloren ging. Also haben wir uns nun auf eine ca. 2m hohe und 1,50m lange Trennwand verständigt und somit bekomme ich meinen zusätzlichen Platz für die Küche und der Flur ist nicht so dunkel und eng wie bei einer durchgezogenen Wand mit Tür. Außerdem können wir oben auf die Mauer irgendwelche Deko Sachen stellen, oder auch vielleicht Pflanzen, das würde vielleicht auch schön aussehen. Auf jeden Fall habe ich jetzt Platz für meinen Kühlschrank.

11. Mai 2024

Drei Mann sind am Streichen und zwei mit der Stahlkonstruktion der Treppe beschäftigt. Als meine Frau und ich am späten Vormittag zur Baustelle kommen, ist die Stimmung gedrückt, wir erfahren, dass eine Mitarbeiterin am vorherigen Tag gegen Abend Tod aufgefunden worden ist. Diese Frau hat auch einige Male an unserem Haus mitgearbeitet und unter anderem das Gästezimmer verputzt. Es scheint, als ob die Frau im Alter von 65 Jahren die zurzeit immer noch große Hitze nicht vertragen hat und Ihr Kreislauf zusammengebrochen ist. Da sie alleine gelebt hat, Ihr Mann war schon vor zwei Jahren verstorben und Ihre Tochter wohnt in einer anderen Provinz, ist sie nicht früh genug gefunden worden und somit verstorben. Das unter diesen Umständen am nächsten Tag nicht gearbeitet wird, ist ja selbstverständlich. Der Bauunternehmer fühlt sich, verpflichtet, und richtet die Beisetzung aus und übernimmt auch alle anfallenden Kosten für die Beerdigung.

Die Treppenkonstruktion nimmt langsam Form an und man kann sich jetzt schon vorstellen, wie es mal aussieht, wenn es fertig ist.

Der Aufgang zum ersten Podest erfolgt, durch drei Stufen, die neben der Haustüre beginnen. Sie werden als Nächstes installiert.

18. Mai 2024

Durch verschiedene Umstände, die Totenfeier dauert traditionsgemäß meist 3 Tage, kann aber auch länger dauern, wenn der oder die Verstorbene eine hoch angesehene Persönlichkeit war, dann kam anschließend noch die Lotterie am 16. Mai dazwischen, hat sich der Baustopp bis zum einschließlich 17. Mai hinausgezögert. Meine Frau, unser Bauleiter Theerapat und ich waren gestern noch einkaufen. Im Thai Watsadu haben wir die Fußleisten gekauft und die komplette Wasserversorgung, mit 1050 Liter Tank, doppelter Filtereinheit und einer leistungsfähigen Hitatchi-Wasserpumpe. Heute geht es wieder voll zur Sache, 5 Mann sind an Bord und geben Ihr bestes. Zwei Mann sind mit der Stahlkonstruktion der Treppe beschäftigt, einer fliest die Trennwand, eine Frau macht den Mörtel dafür an und einer ist noch mit Anstreicherarbeiten beschäftigt. Die Fliesen hatten wir bereits gestern mitgebracht. Thai Watsadu ist einer von drei bekannten Baumärkten in Thailand, außerdem haben wir noch Global House und Home Pro. Ich persönlich kann Global House nicht unbedingt empfehlen, aber es gibt auch andere, die davon begeistert sind. Eines haben die drei allerdings gemeinsam, die Anzahl der Verkäufer und Kundenberater ist immens. Kaum hat man so einen Laden betreten, stürzen sich drei bis vier von Ihnen auf einen und wollen sie beraten, wobei dann das nächste Problem bereits beginnt, keiner von denen ist wirklich kompetent. Sie bekommen zwar auf jede Frage eine Antwort, aber ob die auch richtig ist, steht in den Sternen, denn um nicht sein „Gesicht" zu verlieren, werden auch Antworten gegeben die nicht unbedingt richtig sein müssen.

Der Fliesenleger bei der Arbeit.

Eine Ehe besteht ja bekanntlich aus Kompromisse. Da wir uns nicht auf eine Fliese einigen konnten, haben wir beschlossen, dass ich die Fliese zu meiner Küche hin bestimme und meine Frau die andere Seite zum Badezimmer hin. Diese Seite besteht nun aus einem angedeuteten Holzmuster, für mich ein absolutes No-Go. Aber wir leben in einer demokratischen

Lebensgemeinschaft und somit akzeptiere ich Ihre Entscheidung. Nachdem es fertiggestellt war, muss ich zugeben, dass es gar nicht so schlecht aussieht.

Zu meiner Küchenseite hin, habe ich eine Fliese gewählt, die ein Backsteinmuster hat, ich finde das als Kontrast ganz angebracht.

Am morgigen Sonntag wird diesmal nicht gearbeitet, weshalb man an einigen Sonntagen arbeitet und dann wieder nicht hat sich mir bis jetzt noch nicht erschlossen, vielleicht liegt es daran, dass unser Bauleiter Theerapat an diesem Sonntag einen Muay Thai Boxkampf hat. Er ist in der Thai Fight League und hat den Kampfnamen SAM-G, diesmal kämpft er gegen NUM-SIAM ein brutal aussehender Kerl, der ein paar Zentimeter größer als Theerapat ist. Wir erinnern uns, dass er trotz einem tiefen Cut neben dem linken Auge, den letzten Kampf gewonnen hat. Der Kampf wird im Fernsehen übertragen und wir fiebern dem entgegen. Leider wurde Theerapat beim ersten Angriff vom Knie des Gegners unters Kinn auf den Punkt getroffen und war somit direkt stark gehandikapt. Lange Rede kurzer Sinn, er hat den Kampf bereits in der ersten Runde durch technisches K.O. verloren. Schade drum, aber das nächste Mal gewinnt er bestimmt wieder.

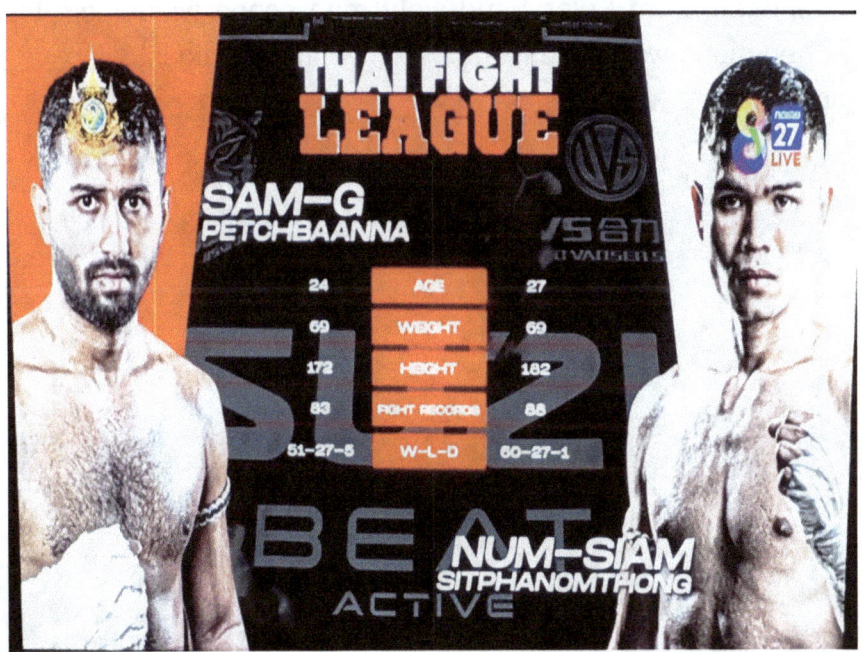

Die beiden Kämpfer bei der Vorstellung.

Leider wurde er so hart getroffen, dass er bis einschließlich Mittwoch nicht arbeiten konnte. Es fragt sich, allerdings was mehr verletzt war, der Körper oder sein Ego.

Am Montag, den 20. Mai geht es mit der Arbeit weiter, wenn auch vorerst ohne unseren Bauleiter.

20. Mai 2024

Zwei Mann kümmern sich um den Stahlbau, sprich die Fertigstellung der Außentreppe zu unserem Freisitz. Der dritte Mann an diesem Tag will die Fliesen auf der Fläche der Außenküche verlegen. Zum Feierabend sieht man schon wieder ein bisschen mehr, wie es aussehen soll, wenn es fertig ist.

Der Fliesenleger hat ganze Arbeit gemacht.

Auf dem Bild sieht man das im Bereich rechts von der Türe, noch der Verputz zu sehen ist und am Boden eine rechteckige Aussparung die der Fliesenleger nicht mitgefliest hat. Das hat folgenden Grund, in diesen Bereich wird die Küchentheke gemauert und die Wand gefliest, im Innenbereich ebenso.

21. Mai 2024

Heute habe ich zum ersten Mal die Aussicht von unserem Freisitz aus genossen. Die Treppe ist so weit fertig geschweißt und muss noch, da wo es notwendig ist, geschliffen und die Schweißstellen mit Rostprimer behandelt werden. Dann können die „Holzbretter" aus recycelten Kunststoff zugeschnitten und verlegt werden, aber vorher muss noch grundiert und lackiert werden.

Ein schöner Blick auf die Berge von unserem Freisitz aus.

22. Mai 2024

Meine Frau hatte irgendwo im Internet ein Haus gesehen, was unserem ähnlich ist, und ihr gefiel der Eingangsbereich so gut, das sie unbedingt auch rechts und links der Türe Gitterstäbe haben wollte, die bis zur Decke reichen. Wenn thailändische Frauen sich etwas in den Kopf gesetzt haben, sind sie nur sehr schwer davon abzubringen dies nicht genau so zu tun. Ich habe mich also von ihr bequatschen lassen und dem zuge-stimmt. Als es aber dann fertig war und ich die vielen Gitter sah, erinnerte es mich an den Frauenknast in Essen, in dem ich während meiner Selbstständigkeit einmal die zweifelhafte Ehre besaß, dort zusammen mit einer befreundeten Firma eine Industriewaschmaschine demontieren zu dürfen. Ich habe mich dann immerhin damit durchgesetzt, das wir die langen Gitterstäbe in Weiß lackieren werden, damit sie nicht zu sehr auffallen.

23. Mai 2024

Heute ist auch Theerapat wieder mit von der Partie, er ist sichtlich zerknirscht und auffällig zurückhaltend. Ich nehme ihn mir auf die Seite und sage ein paar aufmunternde Worte zu ihm, nun taut er auf und wir besprechen die weitere Vorgehensweise. Heute ist auch der Elektriker da, mit dem waren wir vorgestern auch schon Einkaufen gewesen. Die Deckenleuchten und die Schalter und Steckdosen haben wir bei Thai Watsadu gekauft, die Downlights hatte ich bereits bei Lazada vorher bestellt und damit beginnt er auch im kleinen Flur vor der Gästetoilette.

Gestern hatten auch schon zwei Mann mit dem verlegen des Laminates begonnen. Ich war darüber eigentlich nicht so sehr erfreut, da die Fenster und Türen noch nicht montiert sind, und dann vorher das Laminat fand ich nicht besonders durchdacht, aber was sollt`s, andere Länder andere Sitten und zumindest hatten sie meinen Wunsch aufgegriffen und vor die Fenster in den beiden Schlafzimmern, die sie verlegen wollten, Planen gehängt, damit es nicht hineinregnen konnte.

Den Flur haben sie auch schon mit Laminat verlegt und das angrenzende Gästezimmer („Hong Laura"). P.S. Die Wand ist nicht blau gestrichen, die blaue Folie mit dem das Fenster verhangen ist, leuchtet auf die Wand.

24. Mai 2024

Heute Morgen sind wir direkt nach dem Frühstück losgefahren und besuchten zunächst „Global House", einer der drei großen Baumärkte und Einrichtungshäuser in Thailand. Ich persönlich mag diesen Markt überhaupt nicht, das mag daran liegen, dass wir bisher nur einmal dort waren und eine grottenschlechte Beratung erfahren hatten. Aber meine Frau wollte unbedingt dorthin, warum hat sich mir nicht erschlossen. Wir wollten eigentlich für Ihre Außenküche und ich für meine europäische Küche Tür- und Schubladeneinsätze kaufen. Wie ich schon befürchtet hatte, war die Auswahl extrem gering und total überteuert. Ich hatte mich im Vorfeld bereits online darüber informiert und gesehen, dass die Auswahl bei „Homepro" am größten war und auch die Preise am eher unteren Level. Ganz umsonst war unser Ausflug aber dorthin auch nicht, da wir für unseren Stahlbau, sprich die Treppe und das Geländer, die Grundierung, die Farbe und Verdünnung mitnahmen. Danach ging es dann quer durch die ganze Stadt, auf der Stadtautobahn, zunächst zu „Homepro". Dort fanden wir auch sofort ein ansprechendes Angebot und ich konnte meine Frau davon überzeugen, für beide Küchen das gleiche Angebot zu nutzen. Nachdem wir uns dazu entschlossen hatten, fingen die Probleme an. Wer schon öfters in Thailand einkaufen war, hat sicher auch schon die Erfahrung gemacht, das die Thailänder im Kopfrechnen nicht gerade die Hellsten sind. Nun war es so, dass dieses ominöse Angebot drei Teile enthielt für zusammen 7.990.-THB. Wir wollten das Angebot für beide Küchen in Anspruch nehmen, so dass wir einen Gesamtpreis von 15.980.-THB zu bezahlen gehabt hätten. Vielleicht bestand das Problem darin, das ich für meine Küche noch einen Hängeschrank für 2.180.-THB ausgesucht hatte und man dafür den regulären Preis ebenfalls dazu zählen musste. Der Endpreis wäre also nach Adam Riese, 18.160.-THB gewesen. Der gute Mann hatte sich die Preisliste zur Hand genommen und jedes einzelne Teil aufgeschrieben und den regulären Preis eingesetzt, der um 50 % höher ausfiel. So kam er auf 34.140.-THB. Das ich damit nicht einverstanden war und meinem Missgefallen lautstark zum Ausdruck brachte, versteht sich von selbst. Dadurch derart verunsichert versicherte er sich die Unterstützung durch einen seiner Kollegen, die jetzt schon in größerer Anzahl um uns herum standen. Es bedurfte meine gesamte Überzeugungskraft und den Einsatz meines Taschenrechners im Handy, um die Verkäuferschar davon zu überzeugen, das sich Ihr Kollege verrechnet hatte und das von mir und meiner Frau geforderte Angebot bei seiner Rechnung außer acht gelassen hatte. Die größte Herausforderung liegt bei den Asiaten darin, seinem Gegenüber nicht das Gesicht verlieren zu lassen. In Deutschland wäre es kein Problem gewesen, dem Verkäufer ins Gesicht zu sagen er sei ein „mathematischer Tiefflieger" und solle noch mal auf die Schulbank zurückkehren, in Asien können sie sowas nicht bringen, dann haben sie sich einen Todfeind geschaffen. Als wir dann alle Unklarheiten beseitigt hatten, ging es ans Bezahlen, dachte ich zumindest. Der Verkäufer bat uns, in den Wartebereich zu gehen und uns zu setzen, er würde alles vorbereiten und dann zwecks der Zahlung zu uns kommen. Es dauerte und dauerte und selbst meine Frau wurde langsam sehr ungeduldig, was ich von ihr sonst nicht gewohnt bin. Nach ca. einer Stunde kam dann die Nachricht, dass das Internet ausgefallen sei und man unsere Bestellung nicht durchführen könnte. Meiner Frau platzte nun der Kragen und sagte, sie wolle Ihre Bestellung stornieren, worauf ich mich selbstverständlich solidarisch erklärte und wir einen völlig desillusionierten Verkäufer alleine zurück Liesen. Wir sind dann zunächst in unser Lieblingslokal gefahren und haben etwas gegessen, danach zum dritten Baumarkt für diesen Tag, „Thai Watsadu" und hier fand meine Frau auch das, was sie gesucht hatte. Ich setzte mich am gleichen Abend nochmal an den Rechner und bestellte bei „Homepro" online das gleiche Model in einer anderen Farbe und nochmals um 5.000.-THB günstiger.

Auf der Baustelle selbst gab es keine Probleme, die Anstreicher hatten den ganzen Tag über die Stahlkonstruktion gestrichen und der Elektriker hatte unseren Deckenventilator installiert. Außerdem war ein Mann damit beschäftigt die Fußleisten in den Zimmern anzubringen, wo bereits das Laminat verlegt worden war.

25. Mai 2024

Heute Morgen wurden wir bereits um kurz nach sieben Uhr von Theerapat besucht. Er holte die restlichen Pakete des Laminats ab und erklärte, das er alles dafür vorbereitet hätte die Fenster regensicher zu machen, da ich Bedenken hatte, es könnte hinein regnen und das Laminat schwer beschädigen. Außerdem sei geplant, dass der Fensterbauer am Sonntagmorgen mit seiner Arbeit beginnen wolle, und dann sei es besser, wenn das Laminat bereits verlegt sei. Da ich zu Hause noch einige Arbeit vorhatte, war ich nur kurz mit zur Baustelle gefahren und meine Frau fuhr direkt wieder zurück, nachdem ich wieder zu Hause war. Sie blieb dann auch den ganzen Tag dort und sagte, dem Maurer wie sie sich ihre Küchenzeile vorstellte. Bei uns in Deutschland ist diese Art der Küchenplanung völlig unbekannt, ich habe zumindest in Deutschland noch keine gemauerte Küchenzeile gesehen. Aber ich muss sagen, dass ich das wirklich genial finde. Sie stellen sich mit Hilfe verschiedener Einsätze ihre Küche so zusammen wie sie es gerne haben möchten und der große Vorteil ist, dass es wesentlich günstiger ist als eine herkömmliche Küche wie in Europa üblich. Des Weiteren ist sie natürlich auch viel stabiler durch die Mauerung und sie können die verschiedensten Materialien kombinieren, zb. Eine Holzküchenabdeckung mit Fliesenspiegel, oder komplett aus Fliesen, oder Metall, wie sie es wollen.

Sieht schon regensicher aus.

26. Mai 2024

Heute ist ein langersehnter Tag angebrochen, heute sollen die Fenster eingesetzt werden. Schon früh ist ein emsiges Treiben auf der Baustelle zu sehen. Außer der Stammmannschaft sind die Männer und die Chefin der Fensterbaufirma am Werk. Ich bin immer wieder erstaunt mit welch einer Ruhe und Genauigkeit die Thais an der Arbeit sind, kein lautes Wort ist zu hören, das Handy eines Mitarbeiters dudelt über einen tragbaren Verstärker thailändische Schnulzen in die Atmosphäre und hier und da wird über die bestmögliche Ausführung einer Arbeit diskutiert.

Jetzt ist Feierabend.

Die Chefin der Fensterbaufirma packte auch mit an.

Das war ein erfolgreicher Arbeitstag, bis auf das Eckfenster wurden alle Fenster eingesetzt. Morgen geht es weiter, dann werden die Moskitorahmen eingesetzt und die Glasschiebetür zu unserem Bad. Die drei Belüftungsrahmen waren bereits heute Morgen als Erstes eingesetzt worden. Der Maurer hat an der Küchentheke weitergearbeitet und direkt auch Innen wie Außen die Theke mit Fliesen verkleidet. Der Schweißer hatte noch einige kleinere Schweißarbeiten an dem Geländer zu verrichten und hilft nach der Mittagspause beim Anbringen der Fußleisten. Theerapat unser Bauleiter, hat sich an diesem Tag ganz der Wasserversorgung für die beiden Küchentheken verschrieben und stemmt dafür die Wand dazwischen auf, um die Verrohrung anbringen zu können.

Dort wo das Loch in der Wand zu sehen ist, wird mal meine Spüle sein.

27. Mai 2024

Heute Morgen werden wir bereits sehr früh aus unseren Träumen gerissen. Direkt vor unserem Fenster hatten wir die Palette mit den Fliesen für unseren Freisitz gelagert, und jetzt macht sich irgendjemand daran zu schaffen. Wir ziehen uns schnell etwas über und gehen hinaus, wie bereits erwartet ist Theerapat und sein Vater dabei, die Fliesenpakete auf den Pick-up zu verladen. Ich stehe natürlich nicht nur rum, sondern packe mit an und so ist die Ware ruckzuck verladen, anschließend werden noch die Türen oben drauf gelegt und sicher verzurrt. Ein nächster Meilenstein wird nun in Angriff genommen, wenn erst einmal die Fenster und Türen gesetzt sind, kann nicht mehr viel schiefgehen, hoffe ich zumindest. Ich hatte wirklich Bedenken wegen des Laminates, wenn das Nass geworden wäre, durch heftigen Regen, in dieser Jahreszeit ist das nicht ungewöhnlich, dann hätten wir ihn wieder rausreißen müssen.

28. Mai 2024

Es ist schön, zu sehen, wie es jetzt mit Riesenschritten vor-
wärtsgeht. Die Türen nach Außen sind eingebaut und wir
können sie über Nacht zumachen, zwar nicht abschließen,
denn die Schlösser sind noch nicht eingebaut, aber zumindest
zumachen und so vor mancherlei umherstreunendes Getier
das Innere des Hauses schützen. Der Maurer, der bisher mit
dem Mauern und Fliesen der Küchenarbeitstheke beschäftigt
war, hat diese Arbeit zurückgestellt und geht nun zuerst daran
die Fliesen auf unserem Freisitz zu verlegen. Der Grund ist
wohl, dass es die nächsten Tage nicht Regnen soll, und somit
diese Arbeit Vorrang genießt. Die Fensterbauer haben heute
an allen Fenstern die Moskitorahmen angebracht und morgen
wollen sie das Eckfenster einsetzen.

Unsere Haustüre

Die Badezimmertür

29. Mai 2024

Der Maurer liegt in den letzten Zügen, was das Fliesen unseres Freisitzes betrifft, und die Fensterbauer schneiden die Glasplatte für das Eckfenster zurecht. Beim zusehen fällt mir auf, das der eine Fensterbauer an der linken Hand nur noch den Daumen besitzt und an der rechten Hand fehlen ihm Zeige – und Mittelfinger. Ich frage mich, ob das von dem Umgang mit dem Glas herrührt, dann wäre das wirklich ein gefährlicher Beruf. Ich will aber nicht so indiskret sein und ihn danach fragen, aber als sie beginnen mit einem Glasschneider das Glas zu bearbeiten, wende ich mich ab, in der Hoffnung kein Blut sehen zu müssen. Währenddessen zeigt sich mal wieder, dass die Thailänder gute Geschäftsleute sind und aus allem noch ein wenig Geld herausschlagen. Meine Frau hat einen Schrotthändler angerufen, der alles möglich mitnimmt und dafür auch noch Geld bezahlt. Dass es für Metallschrott Geld gibt, ist schon klar, aber das meine Frau ihm auch noch Plastikabfall und Pappe verkauft finde ich recht seltsam. Immerhin hat sie, für alles zusammen 300 THB bekommen.

Der „fahrende Schrotthändler".

30. Mai 2024

Theerapat kommt frühmorgens noch vor dem Frühstück und will die Einbaugröße der Gasherdplatte für die Außenküche ausmessen. Manchmal habe ich das Gefühl, als ob ich mit einer Wand rede, wenn ich den Thais etwas erklären will. Vielleicht liegt es auch an der Übersetzungssoftware, leider gibt es da noch nichts Vernünftiges auf dem Markt, die Schwierigkeit besteht darin, dass Thailändisch eine tonale Sprache ist und ein Wort, je nachdem wie es ausgesprochen wird, eine andere Bedeutung bekommt. Auf jeden Fall hatte ich bereits die Einbauskizze der verschiedenen Teile fotografiert und Theerapat auf sein Handy geschickt. Außerdem hatte ich die Maßschablone mit auf die Baustelle genommen und sie dem Mauerer gegeben und erklärt, was es damit, auf sich hat. Ich gehe davon aus, dass mich mal wieder keiner richtig verstanden hat. Wenn sie in Thailand Bauen wollen, dann sollten sie sich darauf einstellen oder das Glück haben, dass sie jemanden haben, der Ihre Sprache versteht und Muttersprachler ist, aber auch das ist kein Garant dafür, das man sie wirklich so versteht wie sie es meinen. Ich habe es bei meinem Freund Ian gesehen, dessen Lebensgefährtin spricht Englisch und trotzdem gab es eine Reihe von Missverständnissen. Als wir zur Baustelle kommen, entdecke ich die Pappschablone der Gasherdplatte als Unterlage für die Kunststoffholzbretter für die Treppe. So viel dazu.

Theerapat hat drei verschiedene Kunststofffolien mit verschiedenen Tönungen mitgebracht, aus denen wir die Fenstertönung heraussuchen sollen. Wir entscheiden uns für 50%, das bedeutet, dass die Folie 50% UV-Strahlen der Sonne reflektiert und 50% absorbiert. Dadurch heizen sich die Zimmer nicht so sehr auf, wie ohne Folie, resultierend daraus ist auch eine Energieeinsparung möglich. Theerapat hat sich inzwischen um die Außenküche meiner Frau gekümmert und ist so weit, dass die obere Abdeckung mit Beton ausgegossen werden kann. Morgen will er mit dem Zuschneiden der Kunststofftreppenstufen beginnen.

Die Abdeckplatte wurde gegossen.

31. Mai 2024

Heute ist Stichtag, ich hatte ja gegen einen der Arbeiter gewettet und gesagt, wenn sie fertig werden bis zum 31. Mai, dann gebe ich eine Ziege aus, die die Arbeiter am Spieß grillen wollten. Der Arbeiter machte, einen niedergeschlagenen Eindruck, als ich ihn fragte, wer denn nun gewonnen hätte. Aber gleich darauf erhellte sich sein Gesicht, als ich ihm mitteilte, egal wann wir fertig sind, es gibt ein BBQ mit Ziege am Spieß und reichlich Bier.

Theerapat machte sich unterdessen an die Ausmessung der Treppenstufen und dem Zuschneiden der Selbigen. Der Maurer begann heute mit dem Verlegen der Fliesen im Eingangsbereich und der Treppenstufen vor dem Eingang.

Der Eingangsbereich wird gefliest.

Morgen wird nicht gearbeitet, erst wieder am Sonntag. Den Grund kennen wir schon, am ersten jeden Monats ist die zweimal im Monat stattfindende Lotterie. Am Sonntag geht es also weiter, hoffe ich, denn wenn einer von denen tatsächlich gewinnt, dann sehe ich die so schnell nicht wieder. Theerapat hat es bis Feierabend so weit geschafft, dass nur noch die letzte Stufe und das kleine Podest ganz oben fehlt. Zumindest kann man jetzt ohne Probleme nach oben gehen.

Sieht doch schon ganz gut aus.

02. Juni 2024

Heute ist nur Theerapat und der Fliesenleger vor Ort. Theerapat kümmert sich um die letzte Stufe und das obere Podest, währenddessen der Fliesenleger die kniffelige Aufgabe hat, den Übergang zwischen der Haustüre zu fliesen. Das ist sehr wichtig, hier einen Anschlag für die Türen zu schaffen, die es dem Ungeziefer unmöglich macht hindurch zu schlüpfen und so ins Haus zu gelangen. Ganz kleine Ameisen wird das wohl nicht abhalten, aber für die habe ich auch schon ein Mittel gefunden. Ich muss sagen, dass er dieses Problem sehr gut gelöst hat, und die Türen im Eingangsbereich so wie die nach der Außenküche gut und dicht abschließen. Trotzdem sollte man gut einen Meter rund um das Haus einen Bereich schaffen, den man immer gut sauber und pflanzenfrei hält, so dass man hin und wieder mal ein Mittel spritzen kann um die Viecher abzuhalten einem zu dicht auf die Pelle zu rücken. Jetzt werden die „Grünen" einen Aufschrei der Empörung loslassen, aber sie sollten bedenken das wir hier nicht in Europa leben, sondern in Asien und hier gibt es so manches Getier, was dem Menschen durchaus sehr gefährlich werden kann.

Ein guter Übergang von den Fliesen zur Tür, das Eckfenster gefällt mir besonders gut.

03. Juni 2024

Heute Morgen war Theerapat bereits wieder vor dem Frühstück da und hat die Badezimmertür für das Gästebad
abgeholt. Er hat uns dann auch gleich mitgeteilt, dass er heute
nicht auf unserer Baustelle tätig sei, aber das der Schweißer
da wäre um die Treppenbeläge, die er zugeschnitten und ein-
gepasst hat, zu verbohren und zu verschrauben. Der Fliesenleger ist heute mit der Außenküche beschäftigt und verlegt die
Arbeitsplatte und den schmalen Streifen zwischen Arbeitsplatte und den Einsätzen.

*Die Arbeitsplatte sitzt, jetzt muss der schmale Streifen zwischen Arbeitsplatte und den Ein-
sätzen gefliest werden.*

04. Juni 2024

Hier sieht man, wie präzise der Fliesenleger den Anschluss zum Laminat verlegt hat. Wichtig ist der Winkel, wo sich die Tür gegen die Fliesen legt und der minimale Spalt darunter. Durch den 90 Grad Winkel und dem geringen Spaltmass ist es nur sehr kleinen Insekten möglich, durchzuschlüpfen, größere, wie z.b. Skorpione, Spinnen oder anderes Getier in der Größe nicht. In dem alten Haus meiner Frau, das der verstorbene Ehemann gebaut hat, habe ich so manchen Skorpion oder Tausendfüßer, aus dem Badezimmer oder Flur entsorgt.
Heute hat der Fliesenleger bereits mit dem Mauerwerk für meine Küchenzeile begonnen. Kurzfristig habe ich mich für

einen grauen Granitton für die Verkleidung entschieden und meine Frau und ich sind in die Stadt gefahren, um die passenden Fliesen zu besorgen. Ich habe die gleiche schwarze Abdeckung aus Granit gewählt wie meine Frau, aber die Verkleidung ist etwas dunkler im Ton wie die von meiner Frau.

Die Küche meiner Frau

Meine Küche in der Entstehung, hier wird gerade die Verkleidung gefliest.

05. Juni 2024

Heute ist der Fliesenleger noch mit den Arbeiten an meiner Küchenzeile beschäftigt und Theerapat hat sich bereits dem Waschbecken und den Spiegelschrank im Gästebad angenommen. Als ich abends zur Baustelle komme, bin ich ein wenig enttäuscht, denn im Gästebad hat sich nicht viel getan, aber der Fliesenleger sagt mir, dass Theerapat zu einer anderen Baustelle gerufen wurde.

06. Juni 2024

Heute sind wieder mehr Leute auf der Baustelle wie gestern. Zu dem Fliesenleger, Maurer und Anstreicher in persona, hat sich noch ein Hilfsarbeiter gesellt, der heute die Aufgabe hat, den Beton für die Arbeitsfläche meiner Küche zu fertigen. Der Allrounder beschäftigt sich mit Farbausbesserungen und zusätzlich sind zwei Personen zum Aufbringen der Wärmeschutzfolie auf die Fenster zur Stelle. Morgens als ich mit meiner Frau dort war, muss ich sagen, dass sie sehr gute Arbeit machten. Als ich allerdings gegen Mittag dort war, hatten sie sich bereits verabschiedet und nach einer oberflächigen Inspektion der Fenster fand ich zwei, die nicht in Ordnung waren. Das eine war das kleinere Fenster in unserem Schlafzimmer, hier war im oberen Bereich ein Spalt von ca. 1cm zur Mitte hin verjüngend und das zweite Fenster war das kleine Fenster über der Küchenzeile. Hier hatte man anscheinend das Fenster nicht richtig gesäubert, denn es hatten sich etliche Staubkörner und Luftblasen mit eingeschlossen. Meine Frau, die sonst immer so penibel darauf achtet, dass sie gute Arbeit abgeliefert bekommt, hat diese Mängel übersehen. Desto erstaunter war ich, als sie diese Mängel herunterspielte, und meinte, es wäre nicht so schlimm. Ich wollte mich nicht weiter darüber aufregen und habe Theerapat informiert. Eine Stunde später rief er an und sagte, wir sollten in 10 Minuten an der Baustelle sein und auf die Fensterbauer warten. Die kamen dann auch sehr pünktlich und ich zeigte Ihnen die Reklamation, die sie sofort akzeptierten und auch beseitigten. Anscheinend war es eine weitläufige Verwandte meiner Frau und die wollte, die Fensterfolie nicht reklamieren, damit Ihre Verwandte nicht ihr Gesicht verliert. Das ist in Asien ein großes Problem und wenn sie sich noch nicht so lange hier befinden dann werden sie es nicht verstehen können.

Hier wird die Fensterfolie angebracht.

Nur ein Beispiel dazu: Sie befinden sich in der Stadt und suchen ein bestimmtes Restaurant oder einen bestimmten Laden. Sie fragen einen Passanten nach dem Weg, er wird Ihnen Auskunft geben, auch wenn er den Weg nicht weiß, er wird nicht zugeben, dass er den Weg nicht kennt, dadurch würde er sein Gesicht verlieren. Das ist auch das Dilemma in den Schulen, ich weiß nicht, ob es heutzutage immer noch so ist, aber bei der älteren Generation war es auf jeden Fall so, die Schüler haben sich nicht getraut, den Lehrer zu fragen, wenn sie etwas nicht verstanden haben, um eben nicht Ihr

Gesicht zu verlieren. Dadurch besteht ein großes Wissensdefizit und eine relativ geringe Allgemeinbildung. Mathematik ist wohl das größte Problem, ein Bekannter nennt sie nur das Volk der Fingerzähler, ohne Taschenrechner geht gar nichts. Gestern Abend war ich nebenan in einem, kleinen Tante Emma-Laden. Ich hatte 156 THB zu bezahlen, gab der Verkäuferin, die im Alter etwa 40 Jahre zählte, 160 THB. Zu meinem Erstaunen tippte sie in ihren Taschenrechner, nicht etwa einer Registrierkasse, da hätte ich es ja verstanden, die Beträge ein um dann festzustellen, das sie mir 4 THB zurückzahlen musste. Aber über dieses Thema hatte ich mich ja neulich erst ausgelassen, als wir versucht hatten bei „Home pro" einige Dinge zu kaufen.

07. Juni 2024

Heute ist Theerapat mit unserem Allrounder wieder alleine. Der Bauleiter kümmert sich weiter um die Badezimmergarnitur, d.h. er installiert das Waschbecken und den Unterschrank, sowie den Spiegelschrank, mal sehen, ob er heute damit fertig wird. Der andere Kollege ist heute wieder mit meiner Küchenzeile beschäftigt. Da ich zusätzlich einen Backofen und eine Mikrowelle eingebaut haben möchte, die ich allerdings noch nicht habe, aber die Einbaumaße kenne, hat er mehr Arbeit mit meiner Küchenzeile als wie mit der meiner Frau. Theerapat hat inzwischen die Badezimmergarnitur installiert und beginnt mit der für unser Badezimmer. Hier ergibt sich ein schwerwiegendes Problem, ich habe diese Badezimmergarnitur in China bei Alibaba bestellt und der Versand hat ca. 6 Wochen gedauert. Als die Kiste ankam, hatte ich keine Zeit, sie auszupacken und zu überprüfen, jetzt mussten wir feststellen, dass die Keramikteile, die seitlich als Abstandshalter an das Waschbecken geklebt waren, alle zerbrochen sind. Was tun ? Zurückschicken war jetzt nicht mehr möglich und hätte viel zu lange gedauert, also mussten wir uns etwas einfallen lassen. Theerapat hat den Waschbeckenunterbau, sprich die Verkleidung mit den Schubladen, befestigt und darüber einfach so eingeschalt das, dass Waschbecken darin eingesetzt werden kann, der Junge ist wirklich genial.

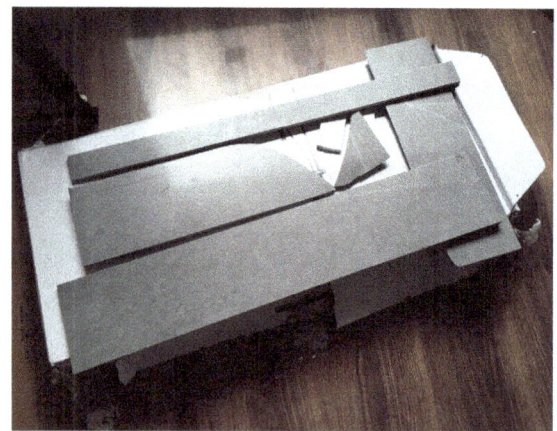

Diese Teile gehören eigentlich an das Waschbecken und bilden die Auflage des Beckens auf den Unterbau.

Das Waschbecken selbst hat Gott sei Dank nur wenig abbekommen.

So sieht es nach dem Ausschalen aus und unten seht Ihr das Endergebnis.

Die Toilette, die man auf dem Foto sieht, hat mir schon viel Spott und Hohn eingebracht. Meine Frau weigert sich sie zu benutzen und will nur auf die im Gästebad gehen. Ich finde das Gerät toll und habe es vor vielen Jahren bereits im Stubaital in Österreich in einem Nobelhotel kennengelernt. Damals kosteten die vollautomatischen Toiletten noch ein Vermögen, heute sind sie für relativ kleines Geld zu bekommen. Da die Toilette Strom braucht, um die Bidetdüse herauszufahren und die Pumpe zu aktivieren und um dann anschließend den Po mit warmer Luft zu trocknen, hat mich Theerapat gefragt, was ich machen werde, wenn der Strom ausfällt, Antwort: Handbetrieb. In der Zwischenzeit hat der Fliesenleger an meiner Küche weitergearbeitet und ich bin begeistert von seiner Arbeit, präzise und sauber, absolut perfekt.

Er ist gut vorangekommen.

08. Juni 2024

Auch heute sind die beiden wieder alleine und jeder widmet sich seinem Projekt. Es sind jetzt in dieser Bauphase viele kleinere Arbeiten, die zwar aufhalten, aber nach Feierabend nicht unbedingt glücklich stimmen, da man keine großen Resultate sieht.

Die Duscharmatur wurde installiert.

09. Juni 2024

Ab heute sind vier Leute auf der Baustelle, die beiden die, die ganze Zeit da waren und ab heute noch die beiden Elektriker. Es werden zuerst die restlichen Lampen installiert und die Steckdosen und Schalter. Auf unseren Freisitz haben wir uns für Solarlampen entschieden, ich bin der Meinung, dass man in einem so Sonnenreichen Land wie Thailand die Sonnen-energie nutzen sollte, so gut es geht und wirtschaftlich vertret-bar ist. Meinen ursprünglichen Plan, die Dachfläche komplett mit Solarpaneel zu bestücken und so den größten Teil des Stromverbrauchs autark selbst zu produzieren habe ich wegen der zu hohen Anschaffungskosten fallengelassen. Wenn ich jünger gewesen wäre und eine längere Laufzeit zu erwarten gewesen wäre, hätte ich es getan, aber so müsste ich, mindestens 85 Jahre alt werden, bis sich die Anlage amorti-siert hätte.

Die installierten Solarlampen auf dem Geländer und an den Wänden.

10. Juni 2024

Heute wird nicht gearbeitet, ein Nachbar ist gestorben und so für heute die Arbeit abgesagt. Nicht so schlimm, die Jungs haben in letzter Zeit viel geleistet und brauchen auch mal Ein-bisschen Ruhe. Morgen geht es weiter.

11. Juni 2024

Die Elektriker haben die Installationsarbeiten abgeschlossen und schließen nun alle Leitungen an den Schaltkasten an. Außerdem haben sie an der Grundstücksgrenze zur Straße hin ein gut 1,50 m tiefes Loch gegraben, für morgen ist geplant, den Strommast zu setzen. Das Ding ist 8m lang und wird mit einem Kranwagen angeliefert (Kosten 2000.- THB, etwa 50.-€ inkl. Anlieferung und setzen des Mastes). Das bedeutet für uns, juhu juhu !! Endlich Strom im Haus.
In der Zwischenzeit liegt der Fliesenleger mit seinem gesam-ten Oberkörper unter der Spüle und verlegt selbst dort Fliesen. Ich hatte gar nicht damit gerecht, dass sie das auch machen, aber es sieht auch schöner aus als wie nur der gestrichene Putz.

12. Juni 2024

Wir sind auch schon recht früh an der Baustelle und warten auf die Lieferung des Strommastes. Allerdings verzögert sich die Anlieferung bis zum frühen Nachmittag. In der Zwischenzeit hat Theerapat den Hängeschrank über meine Küchenzeile angebracht und dabei meiner Bitte entsprochen und den Schrank nicht mit den mitgelieferten „Schräubchen" befestigt, sondern mit Schwerlastdübel um die Last der Teller, Schüsseln und Tassen aufnehmen zu können. Ich habe ihn darum gebeten, weil mir in Deutschland in meiner Küche schon einmal ein Hängeschrank herunter gekommen ist und der Schaden enorm war, außerdem hätte meine Mutter fast einen Herzinfarkt bekommen.

Als der Strommast dann angeliefert wird, haben die Männer gerade noch Zeit ihn einzubetonieren und zu fixieren, dann ist Feierabend.

13. Juni 2024

Nun ist es so weit, die Installation des Stromkabels zum Haus kann beginnen. Das ausgerechnet heute Morgen ein Polizist aufkreuzt und seine Neugierde befriedigt ist wirklich nur Zufall. Er ist sehr nett und wenn wir uns treffen, wechseln wir immer ein paar Worte miteinander. Auch beim Vorbeifahren wird sich gegrüßt und er hatte neulich meiner Frau erzählt, das die Polizei einen Film plant über Verkehrssicherheit und das in dem Film auch ein Ausländer mitspielen soll, wobei er an mich gedacht hätte. Naja, vielleicht werde ich doch noch ein Star.

Das Bild ist leider etwas unscharf, es wurde von der Überwachungskamera aufgenommen.

Abends war es dann soweit, alle Lichter brannten und der Ventilator an der Decke drehte sich, endlich Strom im Haus.

Der Strommast steht, auf diesem Bild noch ohne die Leitungen.

14. Juni 2024

Auch heute Morgen waren wir früh auf der Baustelle, denn heute soll der Minibagger kommen und rund um das Haus planieren und die Sickergruben anlegen für die Abwässer. Die wenigsten Häuser in Thailand sind an ein Abwassersystem angeschlossen, auf dem Land, in der Provinz ist das nicht üblich, so wie es früher auch bei uns in Deutschland war. Der Minibagger ist schon seit einer guten Stunde an der Arbeit und inzwischen bereits hinter dem Haus angekommen, um den gesamten Platz zu planieren. Insgesamt werden drei Sickergruben angelegt, zwei neben dem Haus für Fäkalien und Duschwasser, so wie eine hinter dem Haus als Abwassergrube. Nachdem die Gruben angelegt sind, werden mit Hilfe des Minibaggers Betonringe in die Gruben abgelassen und aufeinandergesetzt, diese werden mit einem Betondeckel verschlossen. Dann erfolgt der Anschluss mit Kunststoffrohren. Als das erfolgt war, wurde das gesamte Areal, dass betoniert werden sollte, mit Holzleisten abgesichert, so dass der Beton nicht weglaufen konnte, nachdem er eingefüllt worden ist. Um eine gleichmäßige Höhe zu garantieren, hatte man die Höhe nivelliert und mit eingeschlagenen Kunststoffröhrchen fixiert. Morgen wird betoniert.

Der Bagger beim Planieren.
Theerapat beim Vorbereiten der Abwasserleitung.

15. Juni 2024

Relativ pünktlich ist der erste Betonmischer vor Ort. Geplant sind 7 Kubikmeter zu verarbeiten, mir erscheint es etwas hoch gegriffen, aber ich habe diesmal auch nicht gerechnet und es Theerapat alleine überlassen.

Der erste Betonmischer ist angekommen.

Wie ich schon befürchtet hatte, war es etwas zu viel Beton, gut einen Kubikmeter weniger und es hätte genau gepasst, aber kein Problem, die Fläche vor dem Haus wurde kurzerhand etwas vergrößert und schon passte es wieder.

Oberes Bild: Der Fahrer bereitet den Betonmischer für die Entladung vor.
Unteres Bild: Die erste Ladung wird in den fahrbaren Kübel gefüllt und hinter das Haus gebracht.

Oberes Bild: Eine extrem schwere Plackerei bei der Hitze.
Unteres Bild: Sofort nach dem Ausgießen des Betons wird er abgezogen.

Oberes Bild: Diese Fläche wird noch überdacht, mit Anschluss an unser Haus. Hier steht auch noch ein Tisch mit Stühlen für die Gäste meiner Frau, die gemeinsam dort kochen wollen. Unteres Bild: die Letzten arbeiten vor dem Haus, dann ist Feierabend.
Endlich Feierabend, da haben sich die Jungs einen Snack und kaltes Bier verdient.

Da der Beton noch frisch ist und nicht betreten werden darf, haben meine Frau und ich mich entschieden, noch ein paar Stunden dortzubleiben und gegebenenfalls Hunde, Katzen oder anderes Getier davon zu überzeugen die Frisch betonierte Fläche nicht zu betreten. Sobald er einigermaßen abgebunden hat, werden wir dann auch nach Hause fahren und Augenpflege betreiben. Dadurch kommen wir jetzt auch in den Genuss, die installierten Solarleuchten bei ihrer Arbeit zu bewundern. Ich finde, es sieht schon recht ansprechend aus und beschließe daher, auch noch welche im hinteren und seitlichen Bereich des Hauses anzubringen. In einem so sonnenreichen Land wie Thailand bietet es sich ja auch an, und die Batterien der Solarleuchten werden täglich durch die Sonne voll geladen und leuchten daher die ganze Nacht.

Die Solarleuchten in Aktion.

Morgen ist der 16. Juni und da es ja am ersten und am sechzehnten jeden Monats eine Lotterie gibt, wird also morgen nicht gearbeitet. Die Leute haben es sich wahrlich verdient.

17. Juni 2024

Unser Allroundmann ist mit Malerarbeiten beschäftigt als wir nach dem Frühstück zur Baustelle kommen. Heute sei er noch alleine dort, aber ab morgen wären sie mit vier Mann am Arbeiten. Nun Gut, mir soll es recht sein, denn wir müssen heute einiges besorgen, unter anderen hat der Bauunternehmer für die zusätzliche Überdachung, die meine Frau für den Platz hinter dem Haus haben möchte, Stahl bestellt den wir zuerst noch bezahlen müssen. Wir fahren also zur Firma und bezahlen den Stahl, der noch am Nachmittag geliefert werden soll, so das die Männer morgen früh direkt mit der Montage beginnen können. Dann fahren wir noch zu Home Pro und kaufen für die beiden Badezimmer Ablagen für Seife, Duschgel usw., das lag meiner Frau sehr am Herzen. Außerdem haben wir für meine Dunstabzugshaube einen längeren Abluftschlauch aus Aluminium besorgt, der mitgelieferte war viel zu kurz.

18. Juni 2024

Heute Morgen war es schon gegen 08.00 Uhr laut vor dem Haus. Meine Frau, neugierig wie sie nun mal ist, stand auf und ging nach draußen. Alsbald kam sie wieder mit einer traurigen Nachricht zurück, die Nachbarin lag im Sterben, ihr ging es die ganze letzte Zeit nicht so gut, aber in der letzten Nacht hatte sich ihr Zustand stark verschlechtert. Der Notarzt konnte dann kurz darauf nur noch Ihren Tod feststellen. Die Beerdigung eines Menschen dauert in der Regel mindestens 3 Tage, manchmal auch das doppelte, je nachdem wie hoch er im Ansehen der Gemeinschaft stand. Das bedeutete für uns, dass es in den nächsten Tagen nur wenig Schlaf geben würde, denn bei diesen Zeremonien wird ab Morgens 05.00 Uhr bereits in einer fast nicht mehr zu ertragender Lautstärke Musik abgespielt. Riesige Lautsprecherboxen beschallen die halbe Ortschaft, und sollten zur gleichen Zeit zwei, oder noch mehr Beerdigungen stattfinden, was durchaus möglich ist, da es auch hier drei verschiedene Wat gibt und die Zeremonie vor der Einäscherung zu Hause abgehalten wird, dann sollte man, möglicht Ohropax zur genüge zur Hand haben. Es kam, so wie ich befürchtet hatte, die nächste Nähe zu den riesigen Lautsprecherboxen, nur getrennt durch die Straßenbreite bescherte uns schlaflose Nächte, für mich wegen der Laut-stärke und für meine Frau, weil sie zur Nachbarschaftshilfe sich verpflichtet fühlte und teils bis spät in die Nacht dort mit-half.

Auf der Baustelle war dagegen normale Geschäftigkeit angesagt. Der Stahl wurde angeliefert und vorbereitet, zuvor hatte Theerapat die Überdachung ausgemessen und auf-gezeichnet. Die ersten Halterungen wurden zugeschnitten und geschweißt, morgen früh konnte man direkt anfangen, die Überdachung aufzustellen.

19. Juni 2024

Das Wandlager wird befestigt.

Jetzt ist das Gegenlager auf den beiden Stützen dran, danach kommen die ersten Querlager.

Bis zum Feierabend haben sie das Skelett der Überdachung fertig. Morgen werden die seitlichen Verkleidungen und das Dach angebracht, außerdem der Anschluss zum Haus wird mit Platten verkleidet, innen wie außen.

20. Juni 2024

Meine Frau war bis tief in der Nacht bei der Zeremonie und hat geholfen, die Menschenmassen zu verköstigen. Nach der Arbeit haben sich die Helferinnen zusammen gesetzt und geplaudert, selbst gegessen und etwas getrunken. So wurde, es 04.00 Uhr früh, bis sie so weit war, dass sie zu Bett gehen konnte. Sie fühlte sich am Abend vorher auch nicht besonders wohl, wollte aber unbedingt Ihre nachbarschaftliche Pflicht erfüllen, jetzt war sie richtig krank. Schwindel, Halsschmerzen, Husten und Kopfschmerzen, Ihr Blutdruck war zu hoch, obwohl sie sonst einen idealen Wert hatte. Leider konnte ich sie nicht dazu überreden, zum Arzt zu gehen, sie blieb im Bett und nachmittags ging es Ihr auch schon viel besser. Ich fuhr morgens nach dem Frühstück zur Baustelle und brachte Thee-rapat das Geld für die Dachprofile, die bei Anlieferung direkt bar bezahlt werden sollten. Eben war er mit dem Pick-up hier und hat die restlichen Sachen geholt für die Wasserversorgung, Pumpe und Filtersystem. Zum Feierabend war ich dann mit meiner Frau nochmal auf der Baustelle, Ihr ging es wieder besser, und sie war unter keinen Umständen davon abzubringen im Bett zu bleiben. Die Jungs hatten schon wieder tüchtig gearbeitet und das angelieferte Profil war bereits verarbeitet, was sich dann auch als sehr gut erwies, da ein heftiger Regenschauer niederging.

Sieht gut aus.

21. Juni 2024

Zuerst rief heute Morgen Theerapat an und sagte, dass er heute in seiner Funktion als Architekt zu tun hätte und nicht auf der Baustelle sei, da er für einen anderen Kunden eine Zeichnung zu erstellen hätte. Dafür seien aber die beiden anderen vor Ort, wobei der Schlosser die aufgesetzten Dachpaneelen verschrauben würde und die Verkleidung zum Haus hin anbringen würde, der Maurer hingegen wäre beauftragt das Fundament für den Wassertank, die Filteranlage und der

Pumpe zu erstellen. Kurz darauf der nächste Anruf, diesmal von einem Spediteur, der mir mitteilte das er in der nächsten Stunde den bestellten Backofen und die Mikrowelle anliefern würde. Das ging wirklich sehr schnell, hatte ich doch erst vor zwei Tagen bei ihm bestellt, die Firma TEKA Store in Bangkok kann ich wirklich weiterempfehlen. Die offizielle Preisempfehlung durch TEKA Thailand für den Ofen waren 1.333,83 €, entspricht 52.410 THB und für die Mikrowelle 665,16 €, was 26.136 THB entspricht. Ich hätte also regulär dafür zusammen 78.546 THB zahlen müssen, ich habe aber das Angebot der Firma in Anspruch genommen und zusammen nur 29.900 THB bezahlt, was 760,96 € entspricht. Ein absolutes Schnäppchen !! Die Anlieferung war dann tatsächlich nur etwa eine halbe Stunde später. Ich fuhr mit dem Scooter vor dem Lieferwagen her bis zur Baustelle und der Fahrer mit seinen beiden Gehilfen trugen mir die Pakete ins Haus. Als Nächstes bekam ich die Mitteilung, dass der LG-Kühlschrank ebenfalls noch heute angeliefert werden soll. Kaum das ich wieder zurück war, kam dann auch der „Flash Express", ein Lieferdienst, der mir meinen Kühlschrank brachte. Auch ihn bat ich, mir zu folgen, und wieder ging es zurück zur Baustelle. Hier musste ich feststellen, dass der gute Mann alleine im Lieferwagen saß, Gott sei Dank waren die beiden Arbeiter da um uns bei der Entladung des Kühlschranks zu helfen. Da er gut verpackt war und außerdem ein recht großer Side-by-Side Kühlschrank von LG, war er dementsprechen schwer und sperrig. Ich frage mich nur, was hätte der Lieferant gemacht, wenn anstatt von 3 erwachsenen Männern, nur eine alte Oma anwesend gewesen wäre ?

Ich finde der Kühlschrank, passt gut zur Küche.

22. Juni 2024

Heute wird der Wassertank und die Filteranlage installiert. Die anderen beiden sind noch mit Malerarbeiten beschäftigt und machen einen Graben für die Wasserleitung. Zwischendurch habe sie auch noch meinen Backofen eingebaut, allerdings noch nicht angeschlossen, das muss der Elektriker machen und ein Loch für die Dunstabsaugung gestemmt und die Installation des Absaugrohres vorbereitet.

Theerapat bei der Installation der Wasserpumpe.

23. Juni 2024

Heute ist unser Bauleiter alleine auf der Baustelle. Er verlegt die Wasserrohre und schließt sie an den Tank und Pumpe an. Es geht jetzt allgemein dem Ende der Arbeiten zu und deswegen sind die Arbeiter auch nur noch in geringer Zahl und sporadisch anwesend. Theerapat hat ein Verlängerungskabel an die Wasserpumpe angeschlossen und überprüft so, ob das

Wasser überall läuft mit dem notwendigen Wasserdruck. Der Elektriker muss noch ein Kabel vom Haus zu dem Überdachungspfosten legen, damit wir die Pumpe dauerhaft in Betrieb nehmen können. Außerdem muss er auch noch meinen Backofen anschließen, aber das sind alles nur Kleinigkeiten. Zwei etwas größere Probleme sind noch nachträglich aufgetreten. Zum einen hat sich die Toilettensickergrube, die aus den Betonringen besteht um gut und gerne 30 cm gesetzt, und das nicht gleichmäßig, sondern schräg. Ich befürchte, dass man mit dem Einfachen auffüllen von Erde das Problem nicht lösen kann, zum zweiten Problem, was entstanden ist, dass Laminat im Wohnzimmer fängt an sich zu wölben, bedingt durch einen Fehler beim verlegen. Ich hatte zum Beginn der verlegearbeiten den beiden Arbeitern gesagt, dass sie rundum eine Dehnungsfuge mit einbauen sollten, etwa 3 – 5 mm. Leider habe ich es danach nicht mehr überprüft und die beiden haben mich anscheinend nicht verstanden. Sie wollten es besonders gut machen und haben das Laminat auf Stoß an der Wand lang verlegt. Theerapat hat sofort eingesehen, dass es ein Fehler seiner Mitarbeiter war, und hat sich bereit erklärt, den Fehler zu beheben. Für das Auffüllen der abgesackten Sickergrube wurde bereits ein LKW mit Mutterboden angeliefert.

24. Juni 2024

Heute ist Theerapat mit seinem jüngeren Bruder anwesend und installiert den Kunststoffhängeschrank für die Außenküche meiner Frau, außerdem die Dunstabsaugung in meiner

Küche und die Verkleidung und das Austrittsgitter an der Außenwand.

Die Küche ist fertig, nur der Backofen muss noch angeschlossen werden.

In den kommenden Tagen kann Theerapat nicht kommen, er hat bereits die nächste Baustelle zu betreuen und fertigt zurzeit eine Zeichnung für ein weiteres Haus an. Der Elektriker ist ebenfalls nicht da, er ist auf einer Baustelle in Pattaya. Ich bereite mich ebenfalls auf einen Besuch in Pattaya vor, keineswegs um Urlaub zu machen, ich muss zum deutsch-österreichischen Konsulat um mir meine neue Verdienstbescheinigung ausstellen zu lassen, die ich jährlich neu brauche, genau wie eine Bestätigung meiner Krankenversicherung zur Verlängerung meines Visums. In der Zeit ist meine Frau fast täglich alleine am Haus, um aufzuräumen und sauber zu machen. Ich war zwischendurch ebenfalls dort und habe mich um die Sauberkeit im Haus gekümmert. Unglaublich, was alles an Verpackungsmüll so anfällt. Da der Bruder meiner Frau Schrotthändler ist, kümmert er sich um den Abtransport des Mülls.

Da wir noch keine Hausnummer haben, können wir auch noch kein Internet beantragen. Gott sei Dank habe ich von meinem Schwiegersohn einen TP-Link M 7350 geschenkt bekommen. Dieses kleine Gerät verhilft einem in Verbindung mit einer SIM-Karte zu mobilen Internet. Ich habe es tatsächlich geschafft, meine Überwachungskameras von TP-Link damit zu verbinden und so die Möglichkeit jederzeit einen Blick auf unser Haus zu werfen, außerdem unterrichtet mich die Kamera, wenn jemand in seinem Blickfeld auftaucht, sehr zu empfehlen. Ansonsten geht die Woche so vorüber und wir packen die Koffer für den Kurztrip nach Pattaya. Am Sonntagabend den 30. Juni 2024 ist es so weit, wir fahren mit dem Nachtbus nach Pattaya.

01. Juli 2024

Am Montagmorgen, nach knapp 8 Stunden Busfahrt sind wir in Pattaya angekommen. Für zusätzliche 500.-THB können wir bereits um 08.00 Uhr einchecken und nochmals 300.-THB pro Person ein wahrlich üppiges Frühstück einnehmen. Danach duschen wir und fallen ins Bett. Für einen Kurzurlaub kann ich das Hotel empfehlen, wir sind im „Garden Seaview Resort" abgestiegen und was uns sehr gut gefällt ist die direkte Lage am Meer, auch das Frühstücksbuffet ist sehr gut und abwechslungsreich. Das Hotel selbst ist schon etwas in die Jahre gekommen und wird jetzt gerade zum Teil renoviert, was zu Lärmbelästigungen geführt hat. Aber für die 3 Übernachtungen ist es absolut ok. Am Dienstag nach dem Frühstück bestellen wir ein Taxi und fahren zunächst zu einem der vielen Busterminals um uns für Donnerstagmorgen die besten Plätze im Bus zu reservieren. Der Taxifahrer schien aus einer Psychiatrie ausgebrochen zu sein und war wohl zum ersten Mal in Pattaya unterwegs, das reine Chaos und ich wurde langsam nervös. Nach Längerem, planlosem hin-und her, schaffte er es dann doch auf die 3rd Road und zu einer Bushaltestelle. Danach sollte er zum „Thai Garden Resort" fahren, hier auf dem Gelände, direkt hinter der Einfahrt auf der rechten Seite befindet sich das Konsulat von Herrn Honorarkonsul Rudolf Hofer. Ich ging hinein und war auch sofort dran, außer mir niemand da, kaum saß ich, änderte es sich aber schon und ein ganzer Schwung an Expats trat ein, Glück gehabt. 5 Minuten später war ich auch schon fertig und auf dem Weg nach draußen.

Das „Garden Seaview Resort"

04. Juli 2024

Es schüttet wie aus Eimern und wir warten auf das Taxi, das uns zum Busterminal bringen soll. Diesmal kommt ein sehr guter Fahrer, er kennt sich aus und wir kommen ohne Umwege rechtzeitig zum Busterminal. Die Fahrt zurück ist wie immer langweilig und ich versuche, ein bisschen zu schlafen, was mir bei der Top Ausstattung der thailändischen Fernbusse auch ganz gut gelingt.

05. Juli – bis 07. Juli 2024

Wir sind nun jeden Tag am Haus beschäftigt, ich putze innen und meine Frau macht außen alles sauber. Was jetzt noch fehlt, ist die Einrichtung. Ich wäre ja einfach zu HomePro gegangen und hätte dort alles bestellt, aber meine Frau hat im Internet ein Einrichtungshaus in Phitsanulok gefunden und will unbedingt dort hin, um sich die Angebote anzusehen.

Ende der Bauarbeiten

Die wenigen Arbeiten, die jetzt noch gemacht werden, werden sich wahrscheinlich über Wochen hinziehen und sollen nicht die Veröffentlichung des Buches verzögern. Der eigentliche Hausbau gilt als abgeschlossen und als erfolgreich beendet. Ich hatte vor Beginn der Arbeiten richtig großen „Bammel" vor den Problemen und Schwierigkeiten die bei einem Hausbau auftreten können. Ich hatte ja auch bereits Erfahrungen in Deutschland gesammelt, als ich mein Elternhaus An-und umgebaut hatte. Aber ich muss sagen, dass es sich wirklich gelohnt hat, ich würde es wieder machen und ich denke, dass es eine Investition in die Zukunft ist, nicht nur für mich und meine Frau, sondern auch für unsere Kinder und Enkelkinder. Ich habe schon von vielen Schicksalen der Expats gehört und gelesen, sie kommen teilweise mit Ihren Gesparten in Thailand an und geraten in die Fänge von Prostituierten und falschen Freunden, die Ihnen das Geld aus der Tasche ziehen. Ich denke, dass ich mein Geld in der Beziehung besser angelegt habe, man muss natürlich auch das Glück haben die richtige Partnerin oder Partner zu finden. Nun interessieren sie sich natürlich auch dafür, was das alles gekostet hat. Ich hatte ursprünglich vor und wollte eine Exeltabelle im Anhang bringen, aber durch die Größe ist die Schrift so klein, dass man es nicht lesen kann, deswegen werde ich nachfolgen für jeden Monat eine Kostenaufstellung machen, anhand dessen man erkennen kann, für was das Geld draufgegangen ist.

Kostenschlüssel

Grund	Dezember
Architekt	฿4.000,00
Wasseruhr	฿1.400,00
Gebühr	฿80,00
Kopien	฿350,00
Elektroinstal.	฿1.100,00
Durchlauferh.	฿5.000,00
Grundstück	฿150.000,00
Aufschüttung	฿15.000,00

Grund	Januar		Summe in €
Zermonie	฿1.141,00		29,34 €
Nägel	฿1.000,00		25,72 €
Beton	฿10.175,00		261,65 €
Stromzähler	฿6.000,00		154,29 €
Stromkabel	฿1.115,00		28,67 €
1.Stahlrech.	฿38.138,00		980,72 €
Trinkgeld	฿100,00		2,57 €
Wasserrohre	฿1.665,00		42,82 €
Zement usw.	฿9.255,00		237,99 €
Lohnkosten	฿30.000,00		771,45 €
Bagger/Wa	฿700,00		18,00 €
Auffüllerde	฿1.700,00		43,72 €
Auffüllerde	฿4.900,00		125,93 €
Beton	฿26.735,00		687,12 €
Beton	฿5.550,00		143,05 €
Zement	฿510,00		13,15 €
Beton	฿9.250,00		239,70 €
Beton	฿7.400,00		191,76 €
Lohnkosten	฿41.669,85		1.078,37 €

Fittings	฿415,00	10,74 €
Wasserrohre	฿2.455,00	63,53 €
Zement,Split	฿8.400,00	217,60 €
Nägel	฿180,00	4,72 €
Nägel	฿240,00	6,29 €
Beton,Zement	฿34.335,00	900,06 €

Grund	Februar	Summe in €
Betonplatten	฿6.270,00	163,73 €
Nägel	฿240,00	6,27 €
Steine etc.	฿74.000,00	1.925,26 €
Split	฿1.255,00	32,65 €
Türrahmen	฿4.140,00	108,09 €
Stahl,Dachk.	฿18.800,00	490,85 €
Kalzipdach	฿54.987,75	1.422,26 €
Sand	฿350,00	9,03 €
Lohnkosten	฿51.810,30	1.336,39 €
Zinkspray	฿654,00	16,87 €
Bad.Zim.Tür	฿3.397,00	87,62 €
Nägel	฿420,00	10,85 €
Sand,Zement	฿14.140,00	362,90 €
Außenputz	฿3.600,00	92,39 €
Elektroinstall.	฿1.965,00	50,52 €
Lohnkosten	฿51.810,30	1.336,39 €
D.ventilator	฿3.699,00	93,05 €
Sicher.CCTV	฿3.321,00	84,76 €
Spülbecken	฿2.975,00	74,84 €

Grund	März	Summe in €
Fliesen,Bad,	฿28.682,00	736,96 €
Fliesen,AK+V	฿916,00	23,60 €
LK-Elektriker	฿5.000,00	128,85 €
Außenputz	฿2.180,00	56,27 €
Zement	฿3.990,00	103,12 €
Decke,Rigips	฿25.480,00	650,99 €
2 xPutzgitter	฿810,00	20,63 €
Rigipsschrau.	฿240,00	6,11 €
Lohnkosten	฿55.075,15	1.402,82 €
Rechteckrohr	฿4.780,00	121,40 €
Schrauben	฿120,00	3,06 €
selbstschn S.	฿330,00	8,42 €
Schraubenbit	฿120,00	3,02 €
Dunsth.Gash.	฿6.988,00	175,79 €
Induktionsh.	฿12.193,00	306,73 €
LK-Elektriker	฿8.000.00	202.75 €
Rohr	฿842,00	21,26 €
Elektrokabel	฿30.600,00	772,56 €

Grund	April	Summe in €
LK-Monteure	฿55,075.15	1,402.82 €
Türen	฿33,000.00	832,13 €
Rigipsputz	฿2,755.00	69.82 €
Dulux	฿6,252.00	158.45 €
Tisch6Stühle	฿18.900,00	476.83 €
3P.Fliesen	฿828,00	20,90 €
Schrauben	฿120,00	3,03 €
Glasbau.Lam	฿14.128,00	357,52 €
3 Belege	฿305,00	7,70 €
Badezim.Was	฿10.000,00	255,22 €
Toilette 1	฿6.298,01	160,74 €
Toilette 2	฿3.590,00	91,62 €
Bidetschlauch	฿159,00	4,06 €

Badearmatur	฿4.332,82	110,58 €
Solarleuchten	฿912,17	23,28 €

Grund	**Mai**	Summe in €
Farbe	฿29.914,54	757,77 €
Feinsand	฿600,00	15,20 €
Stahltreppe	฿21.608,00	544,87 €
Nuss	฿120,00	3,03 €
Schwer,dübel	฿230,00	5,80 €
Türbeschläge	฿8.175,00	206,88 €
FliesenFreisit.	฿6.684,00	169,15 €
Fußleiste,Sil.	฿6.092,00	154,32 €
Wassersyst.	฿34.784,00	881,11 €
LK-Monteure	฿57.761,78	1.463,16 €
Fenster 50%	฿34.500,00	873,92 €
Kleinteile	฿808,00	20,62 €
Verdünn.usw.	฿3.755,00	95,84 €
Sonnensegel	฿1.248,00	31,85 €
Einbauleucht	฿7.043,00	179,75 €
Solarleuchten	฿1.652,66	42,18 €
Geländer	฿4.140,00	105,66 €
LK-Elektriker	฿2.000,00	50,36 €
Küche Nittaya	฿8.650,00	217,82 €
Stahlfarbe	฿3.019,00	76,05 €
E.Installation	฿10.760,00	271,04 €
div.Kleinteile	฿537,00	13,48 €
Fliesen u.Kle.	฿1.961,00	49,59 €
Fliesen	฿630,00	15,93 €
Küche Günni	฿9.879,00	249,84 €

Grund	Juni		Summe in €
Fenster 50%		฿34.500,00	873,92 €
Fliesen		฿1.752,00	44,31 €
Dübel		฿250,00	6,32 €
Schrauben		฿125,00	3,16 €
Fliesen		฿258,00	6,52 €
Lampen		฿4.767,00	120,56 €
Sanitär		฿1.642,00	41,53 €
Fliesen		฿746,00	18,87 €
Fliesen		฿630,00	15,94 €
F.Kleber		฿520,00	13,16 €
Zement		฿685,00	17,33 €
Strommast		฿2.000,00	50,98 €
Beton		฿7.000,00	178,44 €
Beton		฿5.250,00	133,83 €
Armierung		฿2.000,00	50,98 €
Wasserrohre		฿286,00	7,29 €
LK-Elektriker		฿8.000,00	203,92 €
LK-Monteure		฿57.761,77	1.472,41 €
Betonringe		฿3.080,00	78,26 €
Kleinteile		฿312,00	7,93 €
Teka Ofen+M		฿29.900,00	764,12 €
Dach Anbau		฿10.410,00	266,04 €
Kleinteile		฿2.035,00	52,01 €
Stahlrohre		฿2.340,00	59,80 €
Kleinteile		฿295,00	7,52 €
LK-Dachanbau	B5.600,00		142,00 €
Restzahlung	B3.420,00		86,76 €
Kühlschrank	B17.900,00		458,69 €
Bagger	B4.200,00		106,58 €

Der einfachheitshalber habe ich im Monat Dezember 2023 die Kosten für das Grundstück und die Kosten für das Auffüllen mit hinein gepackt, obwohl es ja viel früher im Jahr durchgeführt worden ist. Was das Inventar betrifft, so habe ich nur die Dinge mit aufgeführt, die wir bereits während der Bauphase gekauft und eingelagert hatten. Dies betrifft vor allen Dingen die Ausstattung der Küchen, der Bäder und den Esszimmertisch mit den Stühlen. Da die Geschmäcker ja verschieden sind, ist dies für den Endpreis ja auch ausschlaggebend. Für den einen sind ein paar Plastikstühle durchaus annehmbar und ausreichend, während der andere lieber Designermöbel ins Zimmer stellt. Hier in der Aufstellung kommt es ja in erster Linie darauf an, wie viel der eigentliche Hausbau gekostet hat und nicht die Einrichtung. Zu den Lohnkosten möchte ich noch sagen, dass genau das berechnet wurde, wie es abgesprochen und im Vertrag festgehalten war. Der Dachanbau, den sich meine Frau nachträglich gewünscht hatte, wurde mit 350.- THB pro Quadratmeter abgesprochen und so auch berechnet. Den Bauarbeitern hatte ich eine Ziege am Spies und eine Menge Bier und Schnaps versprochen und mein Versprechen werde ich auch einhalten, allerdings erst später im Jahr, wenn das Haus komplett eingerichtet ist und wir darin wohnen. Außerdem ist es jetzt währen der Regenzeit einfach viel zu Nass und macht so auch keinen Spaß. Als besten Einzugstermin hat der „Arzt"(Schamane) den 01. September errechnet, also werden wir an diesem Tag unser neues Eigenheim beziehen, mit dem Segen der Naturgötter und der von Buddha.

Gesamtkosten

Dezember 2023	176.930.- THB	4.781,90 €
Januar 2024	243.029.- THB	6.278,96 €
Februar 2024	297.834.- THB	7.704,72 €
März 2024	186.346.- THB	4.744,34 €
April 2024	156.655.- THB	3.974,70 €
Mai 2024	245.901.- THB	6.495,22 €
Juni 2024	207.755.- THB	5.289,27 €
Gesamtkosten:	1.514.450.- THB	39.269,11 €

Fazit und Tipps

Ich denke, dass wir nochmal etwa 150.000.- THB für die Inneneinrichtung verbrauchen werden, damit hätten wir dann knapp 1,7 Millionen THB verbraucht, was in etwa 43.000.-€ entsprechen würde. Alles in allem ein Preis, von dem man in Deutschland nur träumen kann. Alle Expats die mit dem Gedanken spielen ein Haus in Thailand zu bauen, kann ich nur zu diesem Entschluss gratulieren. Ich für meine Person würde es jederzeit wieder machen, allerdings müssen bestimmte Voraussetzungen auf jeden Fall gegeben sein.

Dazu gehört eine Partnerin oder Partner, dem man 100%ig vertrauen kann und der oder die möglichst die Sprache beherrscht. Außerdem natürlich einen Architekten und einem Bauunternehmen was genauso zuverlässig ist, wie ich es hatte. Ich muss dazu sagen, dass dieses Unternehmen thailandweit agiert. Es ist also nicht nur auf diese Region um Phetchabun beschränkt, sondern hat unter anderem schon einige Häuser in Pattaya gebaut. Kontaktmöglichkeit über Theerapat Maungnoi, Email: Theerapat2204@gmail.com wenn sie Kontakt zu ihm aufnehmen, können sie sich gerne auf mich berufen, keine Angst ich bekomme nichts dafür. Der Kontakt sollte zumindest in Englisch sein, besser in Thai, ich habe dafür immer den Übersetzer von Google genommen, das hat ganz gut funktioniert. Zuerst hatte ich vor die Einkäufe selbst zu machen, davon bin ich dann aber ganz schnell wieder abgekommen und nachdem ich Vertrauen zu Theerapat und seinem Vater gefasst hatte, habe ich es den beiden überlassen, nach Absprache mit mir den Einkauf zu übernehmen. Größere Bestellungen, wie zb. Das Kalzipdach, haben wir gemeinsam in der Lieferfirma rausgesucht und auch gleich dort bezahlt. Ich kann Ihnen auch nur raten, eine vernünftige Buchhaltung zu beginnen, dh. alle Quittungen einzuordnen, möglichst nach Firmenname, das hatte ich versäumt, ich hatte sie nach Datum geordnet. Es hat folgenden Hintergrund, von dem ich damals am Anfang noch nichts wusste. Wenn sie die Arbeiten abgeschlossen haben, nehmen sie die Quittungen und gehen zu den Firmen, um sie gegen Geschenke einzutauschen. Bei den meisten Firmen können sie schon beim Einkauf Rabatte aushandeln und zum Abschluss gibt es dann nochmal ein paar Geschenke, wie zb. einen Wasserkocher, Kühlbox oder Gutscheine. Auch zwischendurch wird immer wieder nach einem Geschenk gefragt und oftmals hat dann der Betonfahrer oder der Lieferant für den Split ein paar T-Shirts mit dabei, um sie zu verteilen. Die T-Shirts habe ich immer den Arbeitern gegeben, da sie erstens mit einem Werbeaufdruck der jeweiligen Firmen versehen waren und zweitens in einer Größe ausgegeben wurden, die nicht dem europäischen Bierbauch entsprachen. Schaffen sie sich auch ein Konto bei einer thailändischen Bank an, viele Lieferanten bestehen auf Barzahlung und wollen von Überweisungen nichts wissen. Ich selbst habe mein Konto nach wie vor bei einer deutschen Großbank, von dort transferiere ich das Geld, was ich brauche auf mein Konto bei der WISE Bank in Brüssel. Hier wird das Geld dann zum bestmöglichen Kurs in thailändische Baht umgetauscht und auf das Konto meiner Frau bei der Krung Thai Bank überwiesen. Im Allgemeinen dauert das nur wenige Sekunden und ich kann mir das Bargeld am ATM holen. Es ist auch mit Sicherheit die kostengünstigste Variante, um sein Geld nach Thailand zu schaffen. Wenn sie bestimmte Waren bei Home Pro, Thai Watsadu oder Global House einkaufen wollen, dann sollten sie sich auf jeden Fall die jeweilige Webseite der Unternehmen herunterladen. Alle diese Unternehmen gewähren bei Bestellung über das Internet einen Sonderrabatt, und der kann schon ziemlich hoch sein, außerdem habe ich es oft erlebt, dass genau das was wir gesucht haben nicht in der Filiale vorrätig war, dort bestellen ist aber fast unmöglich, die Verkäufer versuchen, in erster Linie ihren Warenbestand zu verkaufen. Wenn sie als Europäer in einen dieser Läden kommen, wird Ihnen sicher die große Anzahl der Mitarbeiter auffallen, meistens stehen 8 bis 10 Personen zusammen und unterhalten sich oder spielen mit Ihren Handys, wirklich Ahnung hat aber vielleicht einer oder zwei von denen. Wenn sie nun einen fachmännischen Rat brauchen, dann sollten sie sich lieber bei Google umschauen und dort schlaumachen, sie bekommen zwar eine Antwort, ob die aber stimmt, bezweifle ich sehr. Das liegt daran, dass die Thais nicht „Ihr Gesicht" verlieren wollen, wenn sie sagen würden das sie es nicht wissen oder können. Das ist eins der großen Probleme in der asiatischen Gesellschaft. Noch ein Tipp, wenn sie bauen, sollten sie sich auf jeden Fall für eine eigene Wasserversorgung entscheiden. Ich habe etwa 35.000.-THB dafür bezahlt, aber es hat sich gelohnt, das Wasser wird gefiltert und hat immer den gleichen Druck. Wenn sie das nicht machen werden sie sich Ärgern, denn oft fällt die Versorgung aus oder der Wasserdruck fällt ab und dann kommt nur noch ein dünnes Rinnsal aus dem Wasserhahn. Auch die Filteranlage hat Ihre Berechtigung, das Wasser kann gerade in der heißen Jahreszeit arg verschmutzt sein und dann sind sie froh wenn sie eine Filteranlage dazwischen gesetzt haben. So nun habe ich alles aufgeschrieben, was ich für wichtig gehalten habe, um es Ihnen mitzuteilen. Ich wünsche Ihnen alles Gute beim Bau Ihres Traumhauses in Thailand und das sie genauso wenig Probleme damit haben wie ich es „Gott sei Dank" hatte. Ich hoffe, dass Ihnen mein Bautagebuch gefallen hat und das es Ihnen hilft, wenn sie sich selbst für einen Hausbau in Thailand entscheiden sollten.

Vielen Dank das Sie sich für dieses Buch entschieden haben!

Ihr
Heinz – Günther Sänger